RÉCOLTES MALACOLOGIQUES DU Dr J. BEQUAERT

DANS LE CONGO BELGE

PAR

Ph. DAUTZENBERG et L. GERMAIN

EXTRAIT

DE LA

REVUE ZOOLOGIQUE AFRICAINE

Publiée sous la direction du Dr H. SCHOUTEDEN (Bruxelles).

VOL. IV, FASC. 1. — 1914.

HAYEZ, Imprimeur de l'Académie

BRUXELLES

EXTRAIT de la *REVUE ZOOLOGIQUE AFRICAINE*, vol. IV, fasc. 1, juin 1914.

RÉCOLTES MALACOLOGIQUES DU Dr J. BEQUAERT

DANS LE CONGO BELGE

PAR

Ph. DAUTZENBERG et L. GERMAIN

(Planches I-IV.)

Ce mémoire étudie les Mollusques terrestres et d'eau douce recueillis dans le Congo belge par M. le Dr Jos. BEQUAERT et appartenant aux collections du Musée du Congo, à Tervueren. Nous remercions vivement M. le Dr SCHOUTEDEN d'avoir bien voulu nous confier l'étude de ces récoltes, qui présentent un grand intérêt, car elles proviennent en partie de localités qui n'avaient pas encore été explorées au point de vue malacologique.

Nous avons surtout été frappés par la grande variété spécifique des *Enneidae*. La faune de l'Afrique orientale aurait donc, sous ce rapport, beaucoup plus d'analogie avec celle de l'Afrique australe qu'on ne le supposait. Ces animaux sont d'ailleurs étroitement localisés, chaque contrée un peu étendue fournissant des espèces particulières, souvent très différentes de celles des régions voisines; mais ils sont toujours rares, et ce n'est guère que par unités que les naturalistes les plus habiles parviennent à les recueillir.

Un autre fait intéressant à signaler dans les récoltes de M. BEQUAERT est la présence du genre *Gonyodiscus*, dont les seuls représentants connus jusqu'à présent appartenaient à la faune de l'Abyssinie. Nous avons pu en décrire deux espèces, et il n'est pas douteux que des recherches ultérieures permettront de rencontrer d'autres types de la famille des *Endodontidae* dans les régions équatoriales.

Les autres représentants de la faune terrestre n'offrent rien de bien particulier. Nous avons décrit quelques espèces nouvelles appartenant surtout à la grande famille des *Achatinidae*, mais elles sont toutes plus ou moins apparentées à des types bien connus de la faune tropicale.

Il en est tout autrement des éléments fluviatiles : si les Pulmonés sont tous des Mollusques à grande dispersion géographique africaine, les Prosobranches nous montrent des types tout à fait spéciaux, bien différents de ceux qui ont été décrits jusqu'ici. Tels sont, principalement, nos *Cleopatra hirta*, *Bequaerti* et *Schoutedeni*. De plus, ces Mollusques ont un aspect halolimnique indéniable. Avec les *Melania soror* et *nyangweensis* découverts autrefois au Congo par M. le lieutenant Dupuis, ils constituent un petit groupe remarquable par son facies marin. Cette constatation a une certaine importance : on a cru, en effet, jusqu'à ces dernières années, que le lac Tanganyika possédait seul, en Afrique, des Mollusques à facies halolimnique, mais depuis la découverte de *Neothauma* dans le lac Moëro et depuis que l'on possède une connaissance plus approfondie des Mélaniens du lac Nyassa, il a bien fallu reconnaître que le lac Tanganyika renfermait seulement un plus grand nombre d'espèces thalassoïdes que les autres masses lacustres africaines. L'existence dans le Lualaba et dans le Luapula, qui ne sont que des branches du Congo supérieur, d'une faune de Prosobranches à facies marin enlève encore davantage au Tanganyika son caractère d'exception. Nous croyons que la faune de ce lac est due, en réalité, à une évolution de l'ancienne faune lacustre africano-orientale ; isolé d'assez bonne heure par suite de phénomènes géologiques d'une grande intensité, le lac Tanganyika qui, sous plus d'un aspect, rappelle l'Océan, a vu les animaux qui le peuplent s'adapter à ces nouvelles conditions. Vivant dans un milieu analogue à celui de l'Océan, ils ont pris un aspect marin : l'étrangeté de la faune du Tanganyika se réduirait donc à un simple phénomène de convergence. Il n'était pas sans intérêt d'indiquer que les récoltes de M. BEQUAERT apportent de nouveaux arguments en faveur de cette manière de voir.

GASTÉROPODES PULMONÉS.

FAMILLE DES STREPTAXIDAE.

Genre **Streptaxis** GRAY.

Streptaxis micans PUTZEYS.

1899. *Streptaixs micans*, PUTZEYS, Bull. Soc. roy. Mal. Belg., p. LV, fig. 2 (forêt de Waregga (Manyéma).
1901. *Streptaxis micans*, DUPUIS et PUTZEYS, Bull. Soc. roy. Mal. Belg., p. XLI, fig. 14 (animal).

Habitat : Stn. 163, près Basoko, poste n° 4, 1° lat. N., 27-X-1910, 1 exemplaire à sommet brisé; stn. 173, Vieux Kassongo, Haut-Congo, 17-XII-1910, 1 exemplaire mort.

FAMILLE DES ENNEIDAE.

Genre **Ennea** H. et A. ADAMS.

Ennea Joubini nov. sp. — Pl. III, fig. 11, 12 (×6).

Testa imperforata sed rimata, solida, elongata, superne attenuata ac versus basin dilatata. Spira apice obtuso. Anfr. 8 fere plani : primi 3 leves sutura simplice, ceteri longitudinaliter obsoletissime costulati ac sutura crenulata juncti. Anfr. ultimus magnus, antrorsum leviter ascendens, in dorso haud profunde transversim biscrobiculatus. Apertura subovata, sat ampla; peristoma expansum breviterque reflexum, marginibus callo adnato et sat crasso junctis. Lamella parietalis valida, marginalis, eminens, intus torta et profunde provecta ; columella intus dilatata ac in margine conspicue bidentata. Labrum intus superne bidentatum ac plicas transversas 4 emit-

tens : supera et infera debiles ac minus provectae, duo medianae vero usque ad marginem columellarem provectae et ibi denticulos 2 efformantes.
Color albidus, pallide lutescens ; peristoma album.
Altit. 15, diam. maj. 5 millim.; apert. 5,5 millim. alta, 5 millim. lata.

Coquille imperforée, mais pourvue d'une fente ombilicale, solide, allongée, atténuée vers le haut et élargie vers la base. Spire obtuse au sommet, composée de 8 tours presque plans : les trois premiers lisses, séparés par une suture simple, les autres faiblement costulés dans le sens axial et séparés par une suture crénelée. Dernier tour grand en proportion, légèrement ascendant à l'extrémité et présentant, sur la face dorsale, deux scrobiculations transversales allongées, peu profondes. Ouverture subovale, assez ample, péristome dilaté, étroitement réfléchi et ayant les bords reliés par une callosité appliquée, assez épaisse et nettement limitée. Lamelle pariétale forte, marginale, saillante, formant avec le labre un sinus étroit, assez profondément échancré, et se prolongeant profondément dans l'intérieur, où elle est tordue. Columelle largement étalée dans le fond de l'ouverture et présentant sur son bord interne deux dentelons dont le supérieur est le plus fort. Labre obtusément bidenté dans le haut et portant sur sa paroi interne quatre plis décurrents qui pénètrent profondément : le supérieur et l'inférieur sont les plus courts, mais les deux du milieu se prolongent jusqu'au bord columellaire, où ils se terminent par les deux dentelons que nous avons signalés plus haut.

Coloration d'un blanc légèrement jaunâtre. Péristome blanc.

Habitat : Stn. 26, Katolo, entre Kiambi et Sampwe (Katanga), 13-XI-1911, exemplaire unique.

Cette espèce a une certaine analogie avec l'*Ennea ujijiensis* E. A. SMITH ([1]), mais s'en sépare très nettement par ses tours moins convexes, par la forme très différente de son ouverture, par son bord columellaire beaucoup plus développé.

([1]) SMITH (E. A.). On the Shells of Tanganyika and of the neighbourhood of Ujiji, Central Africa. (*Proceed. Zoolog. Society London*, 1880, p. 347, n° 6, pl. XXXI, fig. 5.)

Ennea Bequaerti nov. sp. — Pl. III, fig. 14 (×12).

Testa imperforata, parum solida, aliquanto nitida, elongato-cylindraceo pupoidea. Spira apice obtusulo. Anfr. 7, sutura sat impressa juncti : primi 2 leves, ceteri costulis obliquis, quam interstitia vix angustioribus, regulariter sculpti. Anfr. ultimus in dorso transversim longe biscrobiculatus. Apertura fere verticalis, ad basin paululum recedens; peristoma breviter expansum. Lamella parietalis angusta, marginalis ac intus valde provecta. Columella lata, in margine interno bidentata. Labrum in medio compressum, funiculos longe provectos praebet : superus marginalis ac validior, inferus vero debilior et a margine remotior

Color albidus subhyalinus. Altit. 5, 8, diam. maj. 2, 5 millim.; apertura 1, 6 millim. alta, 1, 6 millim. lata.

Coquille imperforée, peu épaisse, pas très luisante, d'une forme allongée-pupoïde, subcylindrique. Spire assez obtuse au sommet, composée de 7 tours séparés par une suture bien marquée : les deux premiers lisses, les autres ornés de costules un peu obliques, à peine plus étroites que leurs intervalles et régulièrement disposées. Dernier tour pourvu du côté dorsal de deux scrobiculations transversales et très longues. Ouverture presque verticale, à peine un peu versante à la base. Péristome étroitement dilaté. Lamelle pariétale étroite, marginale, se prolongeant profondément dans l'intérieur. Columelle élargie dans le fond de l'ouverture, où les extrémités des funicules internes de la paroi labiale déterminent deux petits dentelons visibles seulement lorsqu'on regarde obliquement l'intérieur de l'ouverture. Labre formant un léger angle rentrant au milieu; de cet angle part un funicule qui se prolonge dans le fond de l'ouverture jusqu'au bord columellaire; un second funicule semblable, mais plus faible et prenant naissance plus profondément, suit parallèlement le premier et atteint aussi le bord columellaire. Ce sont ces deux funicules qui produisent les scrobiculations de la région dorsale du dernier tour.

Coloration d'un blanc subhyalin.

Habitat : Stn. 66, Lissala, Bangala, 12-X-1910, 4 exemplaires; Stn. 19, Malema (Congo supérieur), 2° lat. N., 14-X-1910, 2 exemplaires.

Cette jolie espèce, que nous sommes heureux de dédier à M. J. Bequaert, se rapproche de l'*Ennea consociata* E. A. Smith ([']), mais s'en distingue par ses tours plus convexes, les détails de la denticulation de l'ouverture et les costulations du test beaucoup plus fortement burinées.

Ennea Lamyi nov. sp. — Pl. II, fig. 9, 10, 11 (×15).

Testa solidula, parum nitida, subhyalina, rimata et angustissime perforata, ovoidea. Spira apice obtuso. Anfr. 6 convexiusculi, sutura sat impressa juncti : primi 2 leves, ceteri costulis filiformibus obliquis, quam interstitia angustioribus regulariter sculpti. Anfr. ultimus versus basin attenuatus et pone aperturam scrobiculatus. Apertura verticalis sed basin versus aliquanto recedens, elongato-subquadrata, septemplicata Lamella parietalis angusta, marginalis et valde eminens. Plicae columellares tres, fere marginales supera et infera debiles, haud intrantes, sed media validior ac profunde intrans. Plicae palatales duo fere marginales, haud intrantes : infera validior. Plica basalis mediocris, a margine paululum recedens.

Color albidus, pellucidus; peristoma album.

Altit 5, 5 ; diam. maj. 3, 1 millim. ; apertura 2 millim. alta, 1, 6 millim. lata.

Coquille assez solide, peu luisante, subhyaline, pourvue d'une fente ombilicale et d'une perforation excessivement étroite. Forme ovoïde. Spire obtuse au sommet, composée de six tours assez convexes, séparés par une suture bien accusée : les deux premiers lisses, les autres ornés de costules filiformes obliques, régulières et sensiblement plus étroites que leurs intervalles. Dernier tour atténué vers la base et scrobiculé derrière le péristome. Ouverture verticale, mais un peu versante à la base, subquadrangulaire, allongée et pourvue de sept plis. Lamelle pariétale étroite, marginale, à peine saillante. Trois plis columellaires submarginaux : le supérieur et l'inférieur faibles, non prolongés dans l'intérieur, celui du milieu plus fort et pénétrant assez profondément. Deux plis palataux submarginaux, non prolongés : l'inférieur plus fort que le supérieur. Pli basal médiocre, un peu immergé.

(') Smith (E. A.), List of Land- and Freshwater-Shells collected by Dr. Emin Pacha in Central Africa, with Description of new Species. (*Annals and Magaz. of Natur. History*, 6ᵉ série, VI, 1890, p. 163, pl. VI, fig. 9.)

Coloration d'un blanc subhyalin; péristome blanc opaque.

Habitat : Stn. 98, Lukonzolwa (Katanga), 12-1-1912, un seul exemplaire.

L'*Ennea Lamyi* se rapproche de l'*Ennea soror* E. A. Smith ([1]), mais s'en distingue par sa forme plus obèse, son ouverture plus quadrangulaire, avec un pli basal beaucoup mieux développé, et son test plus fortement costulé.

Ennea Jeanneli nov. sp. — Pl. III, fig. 9, 10 (×15).

Testa rimata sed imperforata, parum nitida, subhyalina, pupoidea, superne tumida et basin versus attenuata. Spira apice obtuso. Anfr. 5 : primi 2 leves, ceteri oblique confertim costulati : costulae parum eminentes, quam interstitia vix angustiores. Inter costulas testa sub lente valido subtiliter corrugata sese ostendit. Anfr. ultimus in dorso sat longe transversim biscrobiculatus. Apertura verticalis, subrotundata; peristoma subincrassatum. Columella rectiuscula, in medio paululum inflata, intus dilatata et in imo, oblique intuenti. denticulos 2 praebens. Labrum in medio inflexum, funiculum intus longe provectum emittens; funiculus alter inferus, debilior et a margine multo remotior quoque conspicitur.

Color albus, subhyalinus; peristoma album et opacum. Altit. 4; diam. maj. 2 millim.; apertura 1,35 millim. alta; 1.22 millim. lata.

Coquille pourvue d'une fente ombilicale, mais imperforée, peu luisante, subhyaline, de forme pupoïde, renflée vers le haut. Spire, obtuse au sommet, composée de 5 tours : les deux premiers lisses, les autres ornés de costules obliques, nombreuses, à peine plus étroites que leurs intervalles. Lorsqu'on examine le test à l'aide d'une forte loupe, on remarque que les intervalles des costules sont très délicatement chagrinées. Dernier tour présentant sur la face dorsale deux scrobiculations transversales allongées. Ouverture verticale, arrondie; péristome un peu épaissi. Columelle droite, élargie dans l'intérieur de l'ouverture, où les extrémités des deux funicules de la paroi interne du labre déterminent deux petits dentelons, visibles seulement lorsqu'on regarde obliquement l'intérieur

---

([1]) Smith (E. A.), *Loc. supra cit*, 1890, p. 164. pl \ I. fig. 12).

de l'ouverture. Labre présentant au milieu un renflement d'où part un funicule interne qui se prolonge jusqu'au bord columellaire. Un deuxième funicule semblable, mais plus faible et prenant naissance plus loin du bord de l'ouverture, règne parallèlement au premier et se prolonge aussi jusqu'au bord columellaire interne. C'est à ces deux funicules que correspondent les scrobiculations du dernier tour.

Coloration d'un blanc hyalin; péristome blanc opaque.

Habitat : Stn. 201, Niemba Kunda, près Kiambi, 9-XI-1911, exemplaire unique.

Par la disposition de ses deux funicules internes, cette espèce se rapproche de l'*Ennea Bequaerti*, mais elle en diffère par sa taille plus faible, sa forme renflée dans le haut et atténuée vers la base, par ses costules plus fines, plus nombreuses et moins espacées, par son bord columellaire non dilaté au sommet, par son labre non sinueux au bord, etc.

Ennea laevigata DOHRN.

1865. *Ennea laevigata* DOHRN, Proc. Zool. Soc. of Lond., p. 232.
1868. *Ennea laevigata* Dohrn, PFEIFFER, Monogr. Heliceorum, V, p. 454
1876. *Ennea laevigata* Dohrn, PFEIFFER, Monog. Heliceorum, VII, p. 504.
1881. *Ennea laevigata* Dohrn, E. A. SMITH, Proc. Zool. Soc. of Lond., p. 281, pl. XXXII, fig. 6.
1889. *Enneastrum laevigatum* Dohrn, BOURGUIGNAT, Moll Af. Equat., p. 127.
1891. *Ennea laevigata* Dohrn, E. A. SMITH, Proc. Zool. Soc. of Lond., p. 310.
1897. *Ennea (Gulella) laevigata*, Dohrn, VON MARTENS, Beschalte Weicht. D. O. Afr., p. 21.
1899. *Ennea (Gulella) laevigata* Dohrn, E. A. SMITH, Proc. Zool. Soc. of Lond., p. 580.

Habitat : Stn. 20, Lukolela, Congo moyen, 1° lat. S., 5-X-1910, 3 exemplaires; stn. 54, Bukama, Katanga, 6-VI-1911, 2 exemplaires; stn. 55, Vieux Kassongo, 16-XII-1910, 1 exemplaire.

Ennea Haullevillei nov. sp. -- Pl. III, fig. 13 (× 8).

Testa solida, nitidissima, subhyalina, rimata et angustissime perforata, pupiformis, ovoideo-elongata. Spira apice obtuso. Anfr. 7 convexiusculi, sutura, in 4 anfr. superis simplice, in inferis vero minutissime eleganterque crenulata juncti. Superficies lubrica, striis incrementi obliquis vixque conspicuis tantum ostendens. Anfr. ultimus profunde scrobiculatus. Apertura verticalis, subquadrata, intus sexplicata; peristoma expansum, marginibus callo parum conspicuo junctis. Lamella parietalis validissima, marginalis, profunde intrans et cum labro sinulum efformans. Denticulus parietalis debilis et valde immersus. Plica columellaris valida, a margine recedens et intus bifida; plicae palatales duo mediocres, quoque recedentes : supera quam infera debilior; plica basalis mediocris et quam palatales paullo magis immersa. Labrum subsinuosum.

Color sordide albidus. Peristoma album.

Altit. 9,5 ; diam. major. 4,5 millim.; apertura 3 millim. alta, 3 millim. lata.

Coquille solide, très luisante, subhyaline, pourvue d'une fente ombilicale et d'une perforation très étroite. Forme pupoïde, ovoïde-allongée. Spire obtuse au sommet, composée de 7 tours un peu convexes : les 4 premiers séparés par une suture simple, les trois derniers par une suture finement et élégamment crénelée. Surface ne montrant que des stries d'accroissement obliques très peu apparentes. Dernier tour profondément scrobiculé derrière le péristome. Ouverture verticale, subquadrangulaire, ornée de six plis, bords du péristome reliés par une callosité mince, peu visible. Lamelle pariétale très forte, marginale, saillante, pénétrant profondément et formant avec le labre un sinus médiocrement ouvert. A gauche de cette lamelle, on voit un dentelon faible et profondément immergé. Pli columellaire fort, n'atteignant pas le bord du péristome, bifide en arrière, mais ne pénétrant pas très profondément. Deux plis palataux médiocres, dont l'inférieur est le plus fort, n'atteignent pas le bord du labre; un pli basal médiocre est situé un peu plus profondément que les plis palataux. Profil du labre un peu sinueux, s'avançant au milieu.

Coloration d'un blanc-gris un peu jaunâtre; péristome blanc opaque.

Habitat : Stn. 83, Haut plateau Kundelungu, Katanga,

20-XII-1911; stn. 184, Kalassa, par 11° 30' lat. S., près du Luapula, 17-II-1912.

Ennea Coarti nov. sp. — Pl. III, fig. 1, 2 (×15).

Testa imperforata, solidula, nitida, ovato-pupoidea. Spira apice obtuso. Anfr. 5 convexiusculi, sutura simplice juncti, striis incrementi obliquis parumque conspicuis tantum ornati. Apertura obliqua, subrotundata, marginibus callo tenuissimo et parum evidente junctis. Peristoma incrassatum, expansum, brevissimeque reflexum. Lamella parietalis sat valida, marginalis et eminens, intus parum provecta. Columella inermis et arcuata. Labrum arcuatum denticulumque marginalem in medio emittens.

Color albus subhyalinus. Peristoma album, opacum.

Altit. 3,6; diam. maj. 1,85 millim.; apertura 1,35 millim. alta, 1,35 millim. lata.

Coquille imperforée, assez solide, luisante, de forme ovalepupoïde. Spire obtuse au sommet, composée de 5 tours un peu convexes, séparés par une suture simple, peu prononcée. Surface ne présentant que quelques stries d'accroissement obliques, irrégulières et peu apparentes. Ouverture oblique, arrondie ; péristome épaissi, dilaté et très étroitement réfléchi ; bords reliés par une callosité très mince. Lamelle pariétale assez forte, marginale, ne pénétrant que fort peu dans l'intérieur. Columelle arquée, dépourvue de plis. Labre arqué, présentant au milieu un dentelon marginal.

Coloration d'un blanc subhyalin ; péristome blanc opaque.

Habitat : Stn. 125, Lukonzolwa, 12-I-1912, un seul exemplaire.

Ennea kivuensis PRESTON.

1913. *Ennea kivuensis*, PRESTON, Proc. Zool. Soc. of Lond., p. 197, pl. XXXIV, fig. 3.

Habitat : Stn. 29, Vieux Kassongo (Manyéma), 17-XII-1910 ; stn. 110, Lukonzolwa, Katanga, 10-I-1912, 2 exemplaires et 1 jeune.

Ennea Wahlbergi KRAUSS.

1848. *Pupa Wahlbergi*, KRAUSS, Südafr. Moll., p. 80, pl. V, fig. 5.
1848. *Pupa Wahlbergii* Kr., PFEIFFER, Mon. Helic., II, p. 352.
1853. *Pupa Wahlbergi* Kr., PFEIFFER, Mon. Helic., III, p. 551.
1856. *Ennea Wahlbergi* Kr., PFEIFFER, Malakoz. Bl. II, pp. 62, 173.
1858. *Vertigo (Alvearella) Wahlbergi* Kr., H. et A. ADAMS, Genera of rec. Moll , II, p. 173.
1859. *Pupa Wahlbergi* Kr., KÜSTER, Conch Cab., 2ᵉ édit., p 158, pl. 19, fig. 6-9.
1859. *Ennea Wahlbergi* Kr., PFEIFFER, Mon. Helic., IV, p. 339.
1861 *Gulella Wahlbergi* Kr., ALBERS, Die Heliceen, 2ᵉ édit., p 298.
1878. *Pupa Wahlbergi* Kr., SOWERBY *in* REEVE, Conch. Iconica, pl. XX, fig. 187.
1878. *Ennea (Gulella) Wahlbergi* Kr., PFEIFFER-CLESSIN, Nomencl. Helic. viv., p. 19.
1885. *Ennea Wahlbergi* Kr., TRYON, Manual of Conch , 2ᵉ série, I, p. 96, pl 19, fig. 99.
1898. *Ennea Wahlbergi* Kr., STURANY, Südafr. Moll. *in* Denkschr. Akad. Wien, LXVII, p 555.
1898. *Ennea Wahlbergi* Kr., MELVILL et PONSONBY, Check List *in* Proc. Malac. Soc. Lond., III, p. 169.
1904. *Ennea (Gulella) Wahlbergi* Kr., KOBELT, Conch. Cab., 2ᵉ édit., Agnatha, p. 190, pl. 24, fig. 3, 4.
1912. *Ennea Wahlbergi* Kr., CONNOLY, Ann. S. Afr. Mus., p. 88.

Habitat : Stn. 227, Durban, Natal, 29-VII-1912, 4 exemplaires.

Ennea Planti PFEIFFER.

1856. *Ennea Planti*, PFEIFFER, Malakoz. Bl. II, p. 173.
1859. *Ennea Planti*, PFEIFFER, Mon. Helic., IV, p. 337.
1860. *Ennea Planti*, PFEIFFER, Novit., I, p. 72, pl. XX, fig. 5, 6.
1861. *Ennea Planti* Pfr., ALBERS, Die Heliceen, 2ᵉ édit., p. 302.
1868. *Ennea Planti*, PFEIFFER, Mon. Helic., V, p. 452.
1878. *Pupa Planti*, SOWERBY *in* REEVE, Conch. Icon., pl. XVIII, fig. 169.
1878. *Ennea (Uniplicaria) Planti* Pfr., PFEIFFER-CLESSIN, Nomencl. Helic. viv., p. 18.
1885. *Ennea (Uniplicaria) Planti* Pfr , TRYON, Manual of Conch., 2ᵉ sér., I, p. 90, pl. 18, fig. 41.
1898. *Ennea Planti* Pfr., MELVILL et PONSONBY, Check List *in* Proc. Malac. Soc. of Lond., III, p. 168.

1898. *Ennea Planti* Pfr., STURANY, Südafr. Moll. *in* Denkschr. Acad. Wien, LXVII, p. 552.
1904. *Ennea Planti* Pfr., KOBELT, Conch. Cab , 2ᵉ édit., Agnatha, p. 178, pl. 22, fig. 23, 24.
1912. *Ennea Planti* Pfr., CONNOLLY, Ann. Afr. Mus., p. 83.

Habitat : Stn. 236, Durban, Natal, 29-VII-1912, 1 exemplaire et 1 jeune.

Genre **Streptostele** H. DOHRN.

Streptostele albida PUTZEYS.

1899. *Ennea albida,* PUTZEYS, Bul. Soc. roy. Malac. Belg , p. LVI, fig. 5, 6.
1901. *Ennea albida* Putz., DUPUIS et PUTZEYS, Bull. Soc. roy. Malac. Belg., p. XLI, fig. 15, 16.
1907. *Ennea albida* Putz , GERMAIN, Bull. Muséum, p. 425.

Habitat : Stn. 47, Nyangwe, 29-XI-1910, 7 exemplaires; stn. 35, Kakombo, entre Kikondja et Ankoro, Katanga, 25-X-1912, 3 exemplaires.

Streptostele Alluaudi nov. sp. — Pl. II, fig. 1, 2 (× 6).

Testa tenuis, elongato-turrita. Spira elata, apice obtuso. Anfr. 8 convexius-culi, sutura parum impressa juncti : primi 4 leves, ceteri costulis longitudinalibus debilissimis confertissime ornati. Apertura subquadrata, marginibus callo adnato et sat expanso junctis. Columella brevis, torta. Labrum rectiusculum ; margo basalis arcuatus.

Color albus, subhyalinus. Altit. 11; diam. maj. 2,6 millim.; apertura 2,4 millim. alta, 2 millim. lata.

Coquille mince, allongée-turriculée. Spire élevée, obtuse au sommet, composée de 8 tours légèrement convexes, séparés par une suture peu accusée : les 4 premiers lisses, les autres ornés de costules axiales extrêmement délicates et peu saillantes, mais qui déterminent cependant, contre la suture, de très fines crénulations. Ouverture subquadrangulaire; bords du péristome reliés par une callosité mince, appliquée et largement étalée. Columelle courte, tordue. Labre presque droit; bord basal arqué.

Coloration d'un blanc hyalin uniforme.

Habitat : Stn. 10, Kisantu (Bas-Congo), 21-IX-10, 3 exemplaires.

Famille des HELICARIONIDAE.

Genre **Helicarion** de Férussac.

Helicarion (Africarion) Sowerbyi Pfeiffer (emend.).

1848. *Vitrina Sowerbyana*, Pfeiffer, Proc Zool. Soc. Lond., p. 107.

1848. *Vitrina Sowerbyana*, Pfeiffer, Mon. Hel., II, p. 503.

1850. *Vitrina Sowerbyana*, Albers. Heliceen, p. 53.

1851. *Vitrina Sowerbyana*, Pfeiffer, Conch. Cab., 2ᵉ édit., p. 14, pl. I, fig. 51, 53.

1853. *Vitrina Sowerbyana*, Pfeiffer, Mon. Hel., III, p. 13.

1858. *Vitrina Sowerbyana* Pfr., Morelet, Séries Conch., I, p. 11.

1862. *Vitrina Sowerbyana* Pfr., Reeve. Conch. Icon., pl. I, fig. 2.

1868. *Vitrina Sowerbyana*, Pfeiffer, Mon. Hel., V, p. 18

1885. *Vitrina Sowerbyana* Pfr., Tryon, Manual of Conch , 2ᵉ Sér., I, p. 152, pl. 33, fig. 17-19.

1888. *Vitrina Sowerbyana* Pfr., Vignon, Bull. Soc. Mal. Fr., V, p. 66.

1897. *Helicarion Sowerbyanus* Pfr., von Martens, Besch. Weicht. D. O. Afr., 36, pl. I, fig. 6 (Ituri).

1911. *Helicarion (Africarion) Sowerbyi* Pfr., Germain, Bull. Mus., pp. 220, 221, fig. 49; p. 233.

Habitat : Stn. 11, Kisantu (Bas-Congo), 21-IX-10, 3 exemplaires.

Helicarion haliotides Putzeys.

1899. *Helicarion haliotides*, Putzeys, Bull. Soc. roy. Malac. Belg., p. LX, fig. 14, 15.

Habitat : Stn. 33, Bukama, Katanga, 6-VI-1911, 9°-10° lat. S., 2 exemplaires.

FAMILLE DES HELIXARIONIDAE.

Genre **Trochonanina** MOUSSON.

Trochonanina (Martensia) mesogaea v. MARTENS, var. nsendweensis DUPUIS et PUTZEYS.

1901. *Trochonanina mesogaea* v. MARTENS, var. *nsendweensis*, DUPUIS et PUTZEYS, Bull. Soc. roy. Malac. de Belg., XXXVI, p. LVII, fig. 28.

Habitat : Stn. 6, La Lowa, entre 1° et 2° lat. S. (Lualaba), 27-X-1910; stn. 59, Ngombe, près Irebu, Congo supérieur, 5-X-1910, 1 exemplaire; stn. 181, Kibombo, 4° lat. S., 6-XI-1910, 2 exemplaires.

Trochonanina (Martensia) Rodhaini nov. sp. — Pl. I, fig. 8, 9, 10 (×2).

Testa anguste perforata, tenuis, subpellucida, trochiformis. Spira conoidea parum elata; anfr. 6 ¹/₂ regulariter crescentes, convexiusculi, sutura anguste marginata juncti et oblique tenuiter ac confertissime costulati. Anfr. ultimus haud descendens, in peripheria acute carinatus et infra angulum strias nullas, sed lineas incrementi irregulares tantum exhibens. Apertura per-obliqua, subquadrata. Columella arcuata, superne brevissime expansa; labrum simplex et acutum.

Color pallide fulvus.

Altit. 13; diam. maj. 17 millim.; apertura 7 millim. alta, 8 millim. lata.

Coquille étroitement perforée, mince, subpellucide, trochiforme. Spire conoïde, peu élevée, composée de 6 ¹/₂ tours croissant régulièrement, légèrement convexes, séparés par une suture bordée d'un filet bien net, mais très étroit, et ornés de costules filiformes obliques, extrêmement fines et contiguës. Dernier tour non descendant, pourvu, à la périphérie, d'une carène aiguë. Au dessous de cette carène, la surface ne présente que de légers plis d'accroissement, mais pas de costules. Ouverture subquadrangulaire. Columelle arquée, très brièvement dilatée au sommet. Labre simple, tranchant.

Coloration fauve clair uniforme.

Habitat : Stn. 13, Kisantu (Bas-Congo), 20-IX-1910, 1 exemplaire.

Cette espèce est fort voisine du *Tr. mesogaea* v. MARTENS (Besch. Weicht. D. O. Afr., p. 50, pl. I, fig. 9; pl. III, fig. 15), mais elle est plus haute en proportion et son ombilic est plus étroit. Quant au *Moaria levistriata* PRESTON, il nous semble identique à *mesogaea*.

Trochonanina (Martensia) consociata E. A SMITH.

1899. *Martensia consociata*, E. A. SMITH, Proc. Zool. Soc. Lond., p. 584, pl. XXXIII, fig. 32, 33, 34.
1910. *Martensia* (?) *shimbiense*, FULTON, Ann. and Mag. N. Hist., 8ᵉ Sér., VI, p. 530, pl. VIII, fig. 12.

Habitat : Stn. 97, Tekanini, entre Kiambi et Sampwe, 8° lat. S., 16-XI-1911, 4 exemplaires; stn. 149, Kundelungu, Katanga, 20-XII-1911, 1 exemplaire; stn. 199, Muombe, entre Kiambi et Sampwe, 18-XI-1911, 1 exemplaire; stn. 116, Muyumbwe, le long du Lualaba, 6° lat. S., X-1911, 2 exemplaires.

Trochonanina (Trochozonites) percostulata DUPUIS et PUTZEYS.

1901. *Trochozonites percostulatus*, DUPUIS et PUTZEYS, Bull. Soc. roy. Malac. Belg., p. LIV, fig. 24.

Habitat : Stn. 204, Bukama, Katanga, 9° lat. S., 3 exemplaires de différents âges

Trochonanina (Trochozonites) bellula VON MARTENS. -- Pl. II, fig. 5, 6 (×6).

1892. *Helix bellula*, VON MARTENS, Sitz. Ber. Ges. Naturf. Freunde, p. 16.
1897. *Trochonania (Moria) bellula*, VON MARTENS, Besch. Weicht. D. O. Afr., p. 45, pl. III, fig. 10.

Testa tenuis, anguste perforata, subtrochiformis. Spira conoidea, apice obtusiusculo. Anfr. 5 : primus valde immersus, secundus transversim pluriliratus, sequentes 3 transversim carinati, longitudinaliter oblique costulati et ubi carinae et costulae committuntur, tuberculati ac setis brevibus acutisque armati. Carinae in anfr. superioribus 3, in ultimo 4 adsunt. Carina infera basin, sculptura omnino destitutam, cingit. Apertura semilunaris. Columella subarcuata, superne non incrassata ; labrum simplex et arcuatum. Color fulvus.

Altit. 6,5 ; diam. maj. 7 millim. ; apertura 2,3 millim. alta ; 3,7 millim. lata.

Coquille étroitement perforée, mince, subtrochiforme. Spire conoïde, assez obtuse au sommet, composée de 5 tours : le premier est plongeant, le second, pourvu d'une dizaine de filets décurrents, visibles seulement sous la loupe, les trois autres sont garnis de carènes aiguës et de costules longitudinales filiformes, dirigées dans le sens de l'accroissement. Ces deux éléments encadrent des alvéoles quadrangulaires dont les points d'intersection sont légèrement tuberculeux et portent chacun un poil court et pointu. Sur l'avant-dernier tour et sur l'antépénultième il existe trois carènes, sur le dernier quatre, dont l'inférieure limite nettement la base, qui est tout à fait lisse. Ouverture semi lunaire. Columelle légèrement arquée, ne s'élargissant pas vers le haut. Labre arqué, simple, tranchant.

Coloration fauve uniforme.

Habitat : Stn. 176, Vieux Kassongo, 16-XII-1910, 1 exemplaire.

Il nous a semblé utile de décrire à nouveau et de représenter ici cette espèce de von Martens que nous avions hésité à reconnaître à cause de la médiocrité de sa figuration originale et parce qu'il n'est pas fait mention, dans sa description, des poils qui garnissent les points d'intersection des carènes et des costules.

Genre **Thapsia** ALBERS.

Thapsia simulata SMITH.

1899. *Thapsia simulata*, E. A. SMITH, Proc. Zool. Soc. of Lond., p. 583, pl. XXXIII, fig. 21, 22.

Habitat : Stn. 118, Elisabethville, Katanga, 14-III-1912, 1 exemplaire; stn. 211, Mufungwa, Katanga, 15-XII 1911, 1 exemplaire; stn. 215, Kikondja, Katanga, 28-II, 1911, 1 exemplaire.

Genre **Kaliella** Blanford.

Kaliella barrakporensis Pfeiffer.

1852. *Helix Barrakporensis*, Pfeiffer, Proc. Zool. Soc. of Lond., p. 156.
1852. *Helix Barrakporensis* Pfr., Reeve, Conch. Icon., pl. CXXXII, fig. 816.
1853. *Helix Barrakporensis*, Pfeiffer, Mon. Helic., III, p. 59.
1854. *Helix Barrakporensis*, Pfeiffer, Conch. Cab., 2ᵉ édit., Helicidae, III, p. 415, pl. 147, fig. 20-22.
1855. *Nanina Barrakporensis* Pfr., Gray et Pfeiffer, Catal. Pulmon. in the Brit. Mus., p. 80.
1859. *Helix Barrakporensis*, Pfeiffer, Mon. Helic., IV, p. 33.
1859. *Helix Barrakporensis* Pfr., Benson, Ann. and Mag. N. Hist., 3ᵉ Sér., III, p. 272.
1860. *Helix Barrakporensis* Pfr., Blanford, Contrib. Indian Moll., p. 12, pl. III, fig. 5.
1868. *Helix Barrakporensis*, Pfeiffer, Mon. Helic., V, p. 86.
1872. *Sitala Barrakpoorensis* Pfr., Stoliczka, Journ. Asiat. Soc. of Beng., XLII, p. 20.
1876. *Kaliella Barakporensis* Pfr., Theobald, Catal. C. I, p. 20.
1876. *Helix Barrakporensis*, Pfeiffer. Mon. Helic., VII, p. 100.
1878. *Nanina (Microcystis ?) barrakporensis* Pfr., Nevill., Hand List Indian Mus , I, p. 41.
1882. *Kaliella barrakporensis* Pfr., Godwin-Austen, Land and Freshw. Moll. of India, I, pp. 2, 19, 146, pl. I, fig. 1; pl. XXXVIII, fig. 5.
1882. *Helix sigurensis*, Godwin-Austen, Land and Freshw. Moll. of India, I, p. 5, pl. I, fig. 11.
1886. *Nanina (Kaliella) Barrakporensis* Pfr., Tryon, Manual of Conch., II, p. 61, pl. 26, fig. 57. 58.
1890. *Helix (Trochonanina) pretoriensis*, Melvill. et Ponsonby, Ann. and Mag. N. Hist., 6ᵉ Sér., VI, p. 469.
1892. *Trochonanina pretoriensis*, Melvill et Ponsonby, Ann. and Mag. N. Hist., 6ᵉ Sér., IX, p. 94, pl. IV, fig. 5.
1899. *Kaliella barrakporensis* Pfr., E. A. Smith, Proc. Zool. Soc. Lond., p. 582.
1912. *Kaliella sigurensis* G.-Aust., Connolly, Ann. S. Afr. Mus., XI, p. 117.

Cette espèce, originaire de l'Inde, a déjà été signalée à Madagascar (SMITH), au Cap de Bonne-Espérance (MELVILL et PONSONBY) et elle est également connue de toute l'Afrique Orientale.

Habitat : Stn. 115, Lukonzolwa, Katanga, 12-1-1912, 2 exemplaires.

Genre **Zingis** VON MARTENS.

Zingis Bequaerti nov. sp. — Pl. I, fig. 5, 6, 7 ($\times$ 5).

Testa anguste ac profunde perforata, tenuis, subgloboso-depressa. Spira mediocriter elata, apice obtuso. Anfr. 5 convexiusculi, regulariter crescentes, sutura parum impressa juncti, plicisque incrementi sat conspicuis irregulariter ornati. Anfr. ultimus paululum descendens Sub lente validissimo testa minutissime rugosa se ostendit. Apertura obliqua, semi-lunaris, marginibus callo tenuissimo adnatoque junctis. Columella perobliqua, subarcuata, superne paululum incrassata. Labrum arcuatum subexpansum et in margine brevissime reflexum.

Color undique fulvus.

Altit. 4,6; diam. maj. 7 millim.; apertura 2 millim. alta; 3 millim. lata.

Coquille étroitement et profondément perforée, subglobuleuse-déprimée. Spire médiocrement élevée, obtuse au sommet, composée de 5 tours un peu convexes, croissant régulièrement et séparés par une suture peu accusée. Surface ornée de plis d'accroissement irréguliers, assez saillants. Sous un fort grossissement, on voit que le test est très finement chagriné. Dernier tour descendant légèrement à son extrémité. Ouverture oblique, semi-lunaire; bords du péristome reliés par une callosité mince et appliquée. Columelle très oblique, un peu épaissie dans le haut. Labre arqué, très légèrement dilaté et très étroitement réfléchi au bord.

Coloration fauve uniforme.

Habitat : Stn. 146, Kundelungu (Katanga), 20-XII-1911, 2 exemplaires.

Famille des ENDODONTIDAE.

Genre **Gonyodiscus** Fitzinger.

Gonyodiscus Ponsonbyi nov. sp.

Testa subdiscoidea, late ac profunde umbilicata. Spira depressa, fere omnino plana. Anfr. 4 convexiusculi, regulariter crescentes, sutura impressa juncti : primus levis, ceteri axialiter minutissime ac confertim costulati. Apertura obliqua, subrotundata. Columella arcuata, superne vix dilatata. Labrum simplex et arcuatum.
Color fulvus.
Altit. 1 ; diam. maj. 2 millim. ; apertura 0,8 millim. alta, 0,9 millim. lata.

Coquille subdiscoïde, largement et profondément ombiliquée. Spire déprimée, presque tout à fait plane, composée de 4 tours assez convexes, croissant régulièrement et séparés par une suture bien accusée. Surface ornée de costules axiales très fines et nombreuses. Ouverture oblique, arrondie. Columelle arquée, à peine un peu dilatée au sommet. Labre simple, arqué.
Coloration fauve uniforme.

Habitat : Stn. 147, Kundelungu, 19-XII-1911, sous la mousse, 1 exemplaire.

Nous regrettons de n'avoir pu représenter cette espèce, dont le spécimen unique a été malheureusement brisé par le photographe.

Gonyodiscus Smithi nov. sp. - Pl. I, fig. 11, 12, 13.

Testa subdiscoidea, sat late umbilicata. Spira depressa perparum prominula. Anfr. 5, regulariter crescentes, convexi, sutura profunde canaliculata juncti : primi 2 leves, ceteri longitudinaliter tenuissime confertissimeque costulati. Apertura semilunaris, vix obliqua. Columella arcuata, superne haud dilatata. Labrum simplex et arcuatum.
Color fulvus.
Altit. 1,1 ; diam. maj. 2 millim. ; apertura 0,8 millim. alta, 0,8 millim. lata.

Coquille subdiscoïde, assez largement ombiliquée. Spire surbaissée, très peu saillante, composée de 5 tours convexes, croissant régulièrement et séparés par une suture profondément canaliculée; deux premiers tours lisses, les suivants ornés de costules axiales extrêmement fines et nombreuses. Dernier tour bien arrondi à la périphérie. Ouverture semi-lunaire, à peine oblique. Columelle arquée, non dilatée au sommet. Labre simple, arqué.

Coloration fauve uniforme.

Habitat : Stn. 133, Lukonzolwa, 12-I-1912, 1 exemplaire.

Cette petite espèce est surtout remarquable par sa suture profondément canaliculée.

Famille des BULIMINIDAE.

Genre **Buliminus** Ehrenberg.

Buliminus (Ena) Boivini Morelet.

1860. *Glandina Boivini*, Morelet, Séries Conch., II, p. 72, pl. V, fig. 5.
1887. *Bulimus Boivini* Mor., Grandidier, Bull. Soc. Mal. Fr., IV, p. 187.
1890. *Bulimus (Cerastus) mamboiensis*, E. A. Smith, Ann. and Mag. Nat. Hist., sér. VI, p. 153, pl. 5, fig. 7.
1897. *Buliminus Boivini* Mor., von Martens, Beschalte Weicht. D. O. Afr., p. 61.
1898. *Buliminus movenensis*, Sturany, Südafr. Moll., p. 66, pl. II, fig. 44-51.
1899. *Buliminus Boivini* Mor., E. A. Smith, Proc. Zool. Soc. Lond., p. 587.
1900. *Buliminus (Cerastus) Boivini* Mor., Kobelt, Conch. Cab., 2ᵉ édit., p. 635, pl. 97, fig. 2.
1900. *Buliminus (Pachnodes) movenensis* Stur., Kobelt, Conch. Cab., 2ᵉ édit., p. 632, pl. 96, fig. 19-21.
1912. *Ena boivini* Mor., Connolly, Ann. South Afr. Mus., XI, p. 165.

Habitat : Stn. 34, Malema, 2° lat. N., Congo supérieur, 14-X-1910, 1 exemplaire; stn. 126, Lukonzolwa, 30-XII-1911, 1 exemplaire jeune; stn. 136, Kakompo, entre Ankoro et Kikondja, 25-X-1911, 1 exemplaire jeune; stn. 171, Kakombo, entre Ankoro et Kikondja, 8° lat. S., 25-X-1911, 1 exemplaire jeune; stn. 203, Niemba Kunda, près Kiambo, 9-XI-1911, 1 exemplaire jeune; stn. 205, Bukama, 9° lat. S., Katanga, 1 exemplaire jeune.

Var. ptychaxis E. A. Smith.

1880. *Bulimus (Buliminus) ptychaxis*, E. A. Smith, Proc. Zool. Soc. Lond., p. 346, pl. XXXI, fig. 3.
1881. *Buliminus ptychaxis* Sm., Crosse, Journ. de Conch., XXIX, pp. 139, 299.
1886. *Bulimus ptychaxis* Sm., Pelseneer, Bull. Mus. Roy. Hist. Nat. Belg., IV, p. 104.
1890. *Bulimus (Cerastus) ptychaxis* Sm., E. A. Smith, Ann. and Mag. Nat. Hist , 6e sér., VI, p. 147 (var.).
1900. *Buliminus (Rhachis) ptychaxis* Sm., Kobelt, Conch. Cab., 2e édit , p. 657, pl. 101, fig. 1.

Habitat : Stn. 112, Mufumbi, le long du Luapula, 11° lat. S., 10-II-1912, 1 exemplaire jeune; stn. 117, Elisabethville, Katanga, 14-III-1912, 1 exemplaire.

Buliminus (Cerastus) Stuhlmanni von Martens.

1895. *Buliminus Stuhlmanni*, von Martens, Sitzungsber. Ges. Naturf. Fr., p. 128.
1897. *Buliminus Stuhlmanni*, von Martens, Beschalte Weicht. D. O. Afr., p. 63, pl III, fig. 26, 29.
1901. *Buliminus (Cerastus ?) Stuhlmanni* v. M., Kobelt. Conch. Cab., 2e édit., p. 800, pl. 117, fig. 15, 16.

Habitat : Stn. 42, Vieux Kassongo, 16-XII-1911, 6 exemplaires jeunes; stn. 124, Lukonzolwa, 22-I-1912, 2 exemplaires jeunes; stn. 138, Lukolela, Moyen Congo, 5-X-1910, 1 exemplaire jeune; stn. 143, Kisantu, Bas-Congo, 21-IX-1910, 1 exemplaire adulte.

Buliminus (Rhachis) Braunsi von Martens.

1869. *Buliminus (Rhachis) Braunsii*, von Martens, Nachrichtsbl. d. D. Mal. Ges., p. 150.
1869. *Buliminus Braunsii*, von Martens, v. der Decken's Reise in Ostafr., III, p. 160.

1872. *Buliminus Braunsii* v. M., PFEIFFER, Novitates, IV, p. 49, pl. 118,
   fig. 11 (tantum).
1878. *Buliminus (Rhachis) Braunsii* v. M., VON MARTENS, Monatsber.
   Akad. Wiss. Berl., p. 293.
1881. *Bulimus (Buliminus) Braunsii* v. M., SMITH, Proc. Zool. Soc
   Lond., p. 281, pl. XXXII, fig. 7-7ᵉ.
1889. *Rachis Braunsi* v. M., BOURGUIGNAT, Moll. Afr. Équat., p. 59.
1889. *Rachis Bloyeti*, BOURGUIGNAT, Moll. Afr. Équat., p. 60.
1897. *Buliminus (Rhachis) Braunsi*, VON MARTENS, Besch. Weicht.
   D. O. Afr., p. 72.

Habitat : Stn. 58, Mufungwa, Katanga, 11-XII-1911, 1 exemplaire jeune ; stn. 170, Bukama, Katanga, 9-III-1911, 1 exemplaire ;
stn. 175, Kipochi, sur le Luapula, 12ᵒ lat. S., 16-II-1912, 2 exemplaires jeunes.

Buliminus (Rhachis) Braunsi VON MARTENS var. quadricin= gulata E. A. SMITH.

1860. *Buliminus Braunsii*, VON MARTENS (ex parte), Novitates, IV,
   pl. CXVIII, fig. 12 (tantum).
1890. *Bulimus (Rhachis) quadricingulatus*, E. A. SMITH, Ann. and Mag.
   Nat. Hist., 6ᵉ sér., VI, p. 153, pl. 5, fig. 6.
1897. *Buliminus (Rhachis) Braunsii*, var. *quadricingulatus* Sm., VON
   MARTENS, Besch. Weicht. D. O. Afr., p. 72.

Habitat : Stn. 177, Kalengwe, Katanga, 9° 30' lat. S., 1 exemplaire jeune.

Buliminus (Rhachis) punctatus ANTON.

1839. *Bulimus punctatus*, ANTON, Verz. Conch. Samml., p. 42.
1845. *Bulimus Ferussaci*, DUNKER, Zeitschr. f. Malakoz., p. 164.
1848. *Bulimus Ferussaci* Dunk., PFEIFFER, Mon. Hel., II, p. 212.
1848. *Bulimus punctatus* Ant., PFEIFFER, Mon Hel., II, p. 212.
1849. *Bulimus punctatus* Ant., REEVE, Conch. Icon., pl. LXV, fig. 452.
1849. *Bulimus Ferussaci* Dunk., REEVE, Ibid., pl. LXIV, fig. 441.
1850. *Bulimus punctatus* Ant., PFEIFFER, Conch. Cab., 2ᵉ édit., p. 229,
   pl. 62, fig. 22-24.
1851. *Bulimus punctatus* Ant., DESHAYES *in* FÉRUSSAC, Hist. Nat.
   Moll., II, 2ᵉ p., p. 86, pl. 157, fig. 7-8.
1853. *Bulimus Ferussaci* Dunk., DUNKER, Moll. Guin., p. 6, pl. I,
   fig. 36, 36.

1859. *Bulimus (Rhachis) punctatus* Ant., VON MARTENS, Mal. Bl., VI,
p. 213.

1860. *Bulimus punctatus* Ant., MORELET, Séries Conch.. II, p. 66.

1861. *Buliminus (Rhachis) punctatus* Ant., ALBERS, Heliceen, 2ᵉ édit.,
p. 231.

1869. *Buliminus (Rhachis) punctatus* Ant., VON MARTENS, v. d. Deckens
Reise, p. 59.

1869. *Buliminus punctatus* Ant., VON MARTENS, Nachrichtsbl., p. 153.

1870. *Bulimus (Rhachis) punctatus* Ant., HANLEY et THÉOBALD, Conch.
Indica, p. 10, pl. XX, fig. 10.

1878. *Buliminus (Rhachis) punctatus* Ant., NEVILL, Hand List Indian
Mus.. I, p. 130.

1878. *Buliminus (Rhachis) punctatus* Ant., VON MARTENS, Monatsber.
Akad. Wiss. Berlin, p. 294.

1879. *Buliminus punctatus* Ant., GIBBONS, Journ. of Conch., II, p. 144.

1880. *Buliminus punctatus* Ant., GRAVEN, Proc. Zool. Soc Lond.,
p. 217.

1889. *Rachisellus punctatus* Ant , BOURGUIGNAT, Moll. Afr. Équat., p. 69.

1889. *Rachisellus Ledoulxi*, BOURGUIGNAT, Ibid., p. 70, pl. V, fig. 10, 11.

1893. *Buliminus (Pachnodus) jejunus*, MELVILL et PONSONBY, Ann.
and Mag. Nat. Hist., sér. VI, vol. XII, p. 106, pl. III, fig. 7.

1897. *Buliminus (Rhachis) punctatus* Ant., VON MARTENS, Beschalte
Weicht. D. O. Afr., p. 76.

1901. *Buliminus (Pachnodus?) jejunus*, MELV. et PONS. KOBELT, Conch.
Cab., 2ᵉ édit., p. 794, pl. 117, fig. 5.

1912. *Ena (Rhachisellus) punctata* Ant., CONNOLLY, Ann. South Afr.
Mus., XI, p. 173.

Habitat : Stn. 217, Dar-es-Salam, Afrique orientale allemande,
2 exemplaires.

FAMILLE DES ACHATINIDAE.

Genre **Achatina** DE LAMARCK.

Achatina (Achatina) oblitterata DAUTZENBERG.

1869. *Achatina* var., PFEIFFER, Malakoz. Blätt., p. 256, pl. II., fig. 1-4.

1890. *Achatina oblitterata*, DAUTZENBERG, Bull. Acad. Roy. Belg., XX,
p. 567, pl. I, fig. 1 (Léopoldville).

1904. *Achatina oblitterata*, PILSBRY in TRYON, Man. of Conch., XVII,
p. 13, pl. 18, fig. 20; pl. 19, fig. 24-25.

1913. *Achatina (Achatina) oblitterata*, Dautz., GERMAIN, Bulletin Muséum hist. nat., p. 283.

Habitat : Stn. 105, Ile de l'Éléphant (rives du Congo), 3° lat. S., 30-IX-1910, 2 exemplaires.

Achatina (Achatina) iostoma PFEIFFER.

1852. *Achatina iostoma*, PFEIFFER, Proc. Zool. Soc. Lond., p. 86 (Fernando-Po).

1853. *Achatina iostoma*, PFEIFFER, Mon. Hel., III, p. 485.

1855. *Achatina iostoma*, PFEIFFER, Conch. Cab , 2ᵉ édit , p. 360, pl. 43, fig. 7.

1861. *Achatina iostoma* Pfr., ALBERS, Die Heliceen, 2ᵉ édit., p. 201.

1876. *Achatina balteata*, VON MARTENS (non Reeve), Monatsber. Berl. Ges. naturf. Fr., p. 258, pl. 2, fig. 2 (Victoria).

1878. *Achatina iostoma*, PFEIFFER, Nomencl. Hel , p. 265.

1889. *Achatina iostoma* Pfr., BOURGUIGNAT, Moll. Afr. Equat., p. 77.

1896. *Achatina iostoma* Pfr., D'AILLY, Contr. Moll. Caméroun, p. 65.

1899. *Achatina rugosa*, PUTZEYS, Bull. Soc. Roy. Malac. Belg., XXXIII, p. LXXXIII, fig. 2 (Manyéma).

1901. *Achatina rugosa*, DUPUIS et PUTZEYS, Ann. Soc. Roy. Malac. Belg., XXXVI, p. LX (de la rive droite du Lualaba aux Stanley-Falls).

1904. *Achatina iostoma* Pfr., PILSBRY *in* TRYON, Man. of Conch., XVII, p. 32, n° 30, pl. XVII, fig. 18, et pl. XLII, fig. 10.

1905. *Achatina iostoma* Pfr., BÖTTGER, Nachrichtsbl., p. 169.

1905. *Achatina iostoma* Pfr., PILSBRY *in* TRYON, Man. of Conch., XVII, p. 32, pl. 17, fig. 18; pl. 42, fig. 10.

1905. *Achatina rugosa* Putz., PILSBRY *in* TRYON, Ibid., p. 30, pl. 34, fig. 12; pl. 33, fig. 8-9.

1908. *Achatina rugosa* Putz., GERMAIN, Moll. Tanganyika, p. 22-23, fig. 1 (Haut-Congo).

Habitat : Stn. 243, Bukama, Katanga, 9° lat. S., 1 exemplaire.

Nous croyons devoir réunir l'*A. rugosa* PUTZEYS à l'*A. iostoma* PFR., car nous ne pouvons découvrir entre eux aucun caractère constant : la coloration violette de la columelle se rencontre chez certains exemplaires de *rugosa*, et la sculpture et la coloration varient chez les deux. Quant à l'*A. balteata* REEVE, il est plus solide, son ouverture est moins haute et il présente, à la périphérie du deuxième tour, une bande continue brune qui ne s'observe ni chez l'*iostoma* ni chez le *rugosa*.

Il existe des *A. iostoma* ayant une bande médiane brune sur le dernier tour, ce qui les rapproche de l'*A. balteata* REEVE, espèce plus spécialement répandue dans le bassin du Congo, tandis que l'*iostoma* typique vit dans l'Afrique occidentale. Nous ne serions d'ailleurs pas éloignés de considérer ces deux *Achatines* comme des formes d'une même espèce.

Achatina (Achatina) leucostyla PILSBRY.

1904. *Achatina panthera* var. *leucostyla*, PILSBRY *in* TRYON, Man. of Conch., XVII, p. 45, pl. 39, fig. 33; pl. 40, fig. 2, 3.
1905. *Achatina leucostyla*, PILSBRY *in* TRYON, Man. of Conch., XVII, p. 216.

Habitat : Stn. 241, Dar-es-Salam, Afrique orientale allemande, 1 bel exemplaire.

Achatina (Achatina) immaculata LAMARCK.

1821. *Achatina (Cochlitoma) immaculata*, LAMARCK *in* FÉRUSSAC, Tabl. Syst., p. 69.
1822. *Achatina immaculata*, LAMARCK, Anim. s. vert., VI, 2ᵉ p, p. 128.
1830. *Achatina immaculata* Lam., DESHAYES, Encycl. méthod., II, p. 9.
1838. *Achatina immaculata* Lam., DESHAYES *in* LAMARCK, Anim s. vert., 2ᵉ édit., VIII, p. 295.
1838. *Achatina immaculata* Lam., BECK, Index, p. 75.
1848. *Achatina immaculata* Lam., KRAUSS, Südafr. Moll., p. 81.
1848. *Achatina immaculata* Lam., PFEIFFER, Mon. Hel., II, p. 251.
1851. *Achatina immaculata* Lam., DESHAYES *in* FÉRUSSAC, Hist. Nat. Moll., II, 2ᵉ p., p. 158, pl. 127, fig. 1, 2.
1853. *Achatina immaculata* Lam., PFEIFFER, Mon. Hel., III, p. 482.
1859. *Achatina immaculata* Lam., PFEIFFER, Mon Hel., IV, p. 600.
1868. *Achatina immaculata* Lam., PFEIFFER, Mon. Hel., VI, p. 211.
1879. *Achatina immaculata* Lam., GIBBONS, Journ. of Conch., II, p. 143 (Delagoa Bay).
1881. *Achatina immaculata* Lam., PFEIFFER, Nomencl. Hel. viv., p. 264.
1889. *Achatina immaculata* Lam., BOURGUIGNAT, Moll. Afr. Équat., p. 75.

1890. *Achatina immaculata* Lam., SMITH, Ann. and Mag. Nat. Hist.,
6ᵉ sér., VI, p. 399.

1898. *Achatina immaculata* Lam., STURANY, Catal. Südafr. Moll., p. 55.

1899. *Achatina immaculata* Lam., SMITH, Proc. Mal. Soc. Lond., III,
p. 309, fig. , 2 ·épiphragme·.

1899. *Achatina immaculata* Lam., SMITH, Proc. Zool. Soc. Lond., p. 589.

1900. *Achatina immaculata* Lam., VON MARTENS, Sitzungsber. Ges.
naturf. Fr. p. 119.

1904. *Achatina immaculata* Lam., PILSBRY *in* TRYON, Man. of Conch.,
XVII, p. 50, pl. II, fig. 35.

1907. *Achatina immaculata* Lam., MELVILL et STANDEN, Manchester
Memoirs, LI, 4, p. 12.

1912. *Achatina immaculata* Lam, CONNOLLY, Ann. South Afr. Mus.,
p. 195.

Habitat : Stn. 238, Delagoa Bay, Lourenço Marquez, 1 exemplaire.

Achatina (Achatina) fragilis E. A. SMITH.

1899. *Achatina fragilis*, E. A. SMITH, Proc. Zool. Soc. of Lond., p. 591,
pl. XXXV, fig. 3-4.

1902. *Achatina fragilis* Sm., ANCEY, Journal de Conchyl., p. 278, fig. 6.

1904. *Achatina fragilis* Sm., PILSBRY *in* TRYON, Manual of Conchol.,
2ᵉ sér., Pulm., XVII, p. 64, n° 56, pl. IX, fig. 25-26.

Habitat : Stn. 108, entre Sangwe et Kiambi, Katanga,
1 exemplaire.

Achatina (Achatina) glaucina (Ancey) SMITH.

1899. *Achatina glaucina*, ANCEY *mss in* E. A. SMITH, Proc. Zool. Soc. of
Lond., p. 590, pl. XXXIV, fig. 2-3.

1904. *Achatina glaucina* Ancey, PILSBRY *in* TRYON, Manual of Conchyol.,
2ᵉ sér., Pulmon., XVII, p. 64, n° 57, pl. VIII, fig. 19-20.

Habitat : Stn. 246, Bukama, Katanga, 9° lat. S., 1 exemplaire.

Achatina (Achatina) Putzeysi DAUTZENBERG et GERMAIN (nom. nov.).

1899. *Achatina sylvatica*, PUTZEYS (non PFEIFFER), Bull. Soc. Roy.
Malac. Belg., pp. LXXXIII et LXXXIV, fig. 3 (Nyangwé).

1904. *Achatina sylvatica* Putz., PILSBRY (non PFEIFFER), Man. of Conch., XVII, p. 28, pl. 17, fig. 14, 15, 16.

Le nom *Achatina sylvatica* ne peut être conservé pour cette espèce, parce que L. PFEIFFER avait désigné en 1848 sous le même nom (Symb., II, p. 135, et Monogr. Helic., II, p. 262) une coquille fort différente, décrite précédemment par SPIX sous le nom de *Columna sylvatica* et qui est classée actuellement dans le genre *Obeliscus*.

Nous proposons de substituer le nom d'*Achatina Putzeysi* à celui d'*Achatina sylvatica* PUTZEYS (non PFEIFFER).

Habitat : Stn. 3, La Lowa, 1 exemplaire flammulé; stn. 45, Nouvelle-Anvers, Congo supérieur, 9° 30' lat. N., 9-X-1910, 4 exemplaires dont 2 jaunes unicolores et 2 flammulés; stn. 254, Ankoro, Katanga, 1 exemplaire très court et obèse.

Achatina (Achatina) Schoutedeni nov. sp. — Pl. I, fig. 1, 2 (grandeur naturelle).

Testa imperforata, parum solida, subpellucida, ovato-elongata. Spira elata, apice obtuso. Anfr. 8 sat convexi : superi 3 laevigati, sub lente tamen minutissime irregulariter punctulati; ceteri plicis longitudinalibus confertis ac striis transversis crebris undique granulatim decussati. In anfr. ultimi infera dimidia parte, sculptura aliquantum obsolescit, sed oculo nudo etiam se ostendit. Apertura ovato-oblonga. Columella fere recta et ad basin anguste truncata. Color pallide lutescens : anfr. primi tres concolores, ceteri strigis longitudinalibus fusco castaneis plus minusve fulguratis, sat regularibus, sed hic illic tamen interruptis vel confluentibus, ornati.

Altit 58; diam. maj. 23 millim.; apertura 25 millim. alta; 12 millim. lata.

Coquille imperforée, peu épaisse, un peu translucide, ovale-allongée. Spire élevée, obtuse au sommet, composée de 8 tours assez convexes : les premiers paraissent lisses, mais présentent, lorsqu'on les examine sous la loupe, des ponctuations irrégulières. Les autres tours sont garnis de plis longitudinaux et de stries transversales qui forment par leur rencontre une réticulation granuleuse dont les granulations sont allongées dans le sens axial. Sur la moitié inférieure du dernier tour, la sculpture s'atténue beaucoup, mais reste cependant bien visible, même à l'œil nu. Ouverture ovale-allongée. Columelle presque droite, étroitement tronquée à la base.

Coloration d'un blanc crème : trois premiers tours unicolores, les autres ornés de flammules longitudinales plus ou moins fulgurées, d'un brun marron, assez régulièrement espacées, mais interrompues et confluentes par-ci par-là. Ces flammules s'élargissent et deviennent plus foncées vers la base des tours, tandis qu'elles s'amincissent vers le haut et ont même une tendance à disparaître à proximité de la suture.

Habitat : Stn. 107, entre Sangwe et Kiambi (Katanga). Un exemplaire et un fragment.

Nous sommes heureux d'attacher à cette belle espèce le nom de notre savant confrère M. SCHOUTEDEN, directeur de la Revue zoologique africaine. C'est de l'*A. Capelloi* FURTADO (Journ. de Conch., XXXIV, 1886, p. 143, pl. VII, fig. 2) que l'*A. Schoutedeni* se rapproche le plus, mais il est plus fragile, son sommet est plus obtus, son dernier tour plus haut, en proportion, sa coloration est plus claire et ses flammules sont plus espacées et plus régulièrement disposées.

Achatina (Cochlitoma) zebra CHEMNITZ.

1758.   SEBA, Mus., III, pl. LXXI, fig. 4-5.
1767. *Bulla achatina* var. *livida*, LINNÉ, Syst. Nat., édit. XII, p. 1186.
1771. *Le turbanture*, KNORR, Délices des yeux, V, pl. 12, fig. 2.
1773. *Buccinum achatinum* ε, MÜLLER, Hist. Vermium, II, p. 141.
1778. *Bulla achatina* ϰ, BORN, Index rer. natur. Mus. Caes. Vindob., p. 195.
1780. *Bulla achatina,* BORN (ex parte), Testac. Mus. Caes. Vindob., p. 208, pl. 10, fig. 1 (tantum).
1780.   FAVANNE DE MONCERVELLE, La Conchyl., pl. LXV, fig. M 3.
1786. *Bulla Zebra*, etc., CHEMNITZ, Conch. Cab., IX, 2ᵉ partie, p. 22, pl. 118, fig. 1014.
1790. *Bulla Zebra*, GMELIN (ex parte), Syst. Nat., édit. XIII, p. 3431.
1792. *Bulimus zebra*, BRUGUIÈRE, Encycl. méthod., I, p. 357.
1797. *Chersina zebra*, HUMPHREY, Mus. Calonnianum, p. 63.

1798. *Ampulla Zebra*, BOLTEN, Mus. Boltenianum, p. 111.

1798. *Ampulla Quagga*, BOLTEN, Ibid., p. 111.

1805. *Achatina zebra*, DE ROISSY, Hist. Nat. Moll., V, p. 355.

1810. *Achatinus zebra*, MONTFORT, Conchyl. Syst., II, p. 419 (excl. pl. 105).

1811. *Bulimus zebra*, PERRY, Conch., pl. 30, fig. 3.

1817. *Bulla achatina* var., DILLWYN, Descr. Catal., I, p. 495.

1822. *Achatina zebra*, LAMARCK, Anim. s. vert., VI, 2ᵉ partie, p. 128.

1837. *Achatina Borniana*, BECK, Index, p. 75.

1837. *Achatina zebra* (Ch.) de Roissy, BECK, Index, p. 75.

1837. *Achatina tigrina*, BECK, Index, p. 75.

1838. *Achatina zebra*, LAMARCK, Anim. s. vert., édit. Deshayes, VIII, p. 295.

1838. *Achatina zebra* Lam., POTIEZ et MICHAUD, Galerie de Douai, I, p. 131.

1842. *Achatina zebra* Chemn., REEVE, Conch. Syst., II, p. 88, pl. CLXXIX (var.).

1842. *Achatina Chemnitziana*, PFEIFFER, Symb.. II, p. 132.

1843. *Achatine éburnoïde*, SGANZIN, Catal. Coq. île de France, île Bourbon et Madagascar, p. 17.

1848. *Achatina zebra* Ch., PFEIFFER, Mon. Helic., II, p. 250.

1848. *Achatina zebra* Lam., KRAUSS, Südafr. Moll., p. 80.

1849. *Achatina zebra* Ch., REEVE, Conch. Icon., pl. VII, fig. 23.

1850. *Archachatina zebra* Ch., ALBERS, Die Heliceen, p. 190.

1851. *Achatina zebra* Ch., DESHAYES *in* FÉRUSSAC, Hist. Nat. Moll., II, 2ᵉ partie, p. 156, pl. 133.

1853. *Achatina zebra* Ch., PFEIFFER, Mon. Hel., III, p. 482.

1854. *Achatina obesa*, PFEIFFER, Malakoz. Bl., p. 224.

1855. *Achatina zebra* Ch., PFEIFFER, Conch. Cab., 2ᵉ édit., p. 291, pl. 2, fig. 3; pl. 23, fig. 1.

1859. *Achatina zebra* Ch., PFEIFFER, Mon. Hel., IV, p. 600.

1859. *Achatina zebra* Ch., CHENU, Manuel de Conch., I, p. 429, fig. 3165.

1859. *Achatina obesa*, PFEIFFER, Mon. Helic., IV, p. 600.

1861. *Achatina capensis*, ALBERS, Die Heliceen, 2ᵉ édit., p. 203 (note 4).

1861. *Achatina zebra* Ch., ALBERS, Die Heliceen, 2ᵉ édit., p. 201.

1868. *Achatina zebra* Ch., PFEIFFER, Mon. Helic., VI, p. 212.

1868. *Achatina obesa*, PFEIFFER, Mon. Helic., VI, p. 212.

1870. *Achatina (Achatina) zebra* Ch., SEMPER, Reisen im Arch. der Philippinen, III, p. 144, pl. XII, fig. 22ᵃ, 22ᵇ (embryon).

1877. *Achatina obesa*, PFEIFFER, Mon. Hel., VIII, p. 273.

1878. *Achatina zebra* Ch., KOBELT, Illustr. Conchylienb., I, p. 261.

1884. *Achatina zebra* Ch., TRYON, Man. of Conch., III, p. 59, pl. XCVIII, fig. 43.

1889. *Achatina zebra* Ch., BOURGUIGNAT, Moll. Afr. Équat., p. 76.

1889. *Achatina Zebra* Ch., MORELET, Journ. de Conch., XXXVII, p. 19.

1890. *Achatina zebra* Ch., SMITH, Ann. and Mag. Nat. Hist., 6ᵉ sér., VI, p. 392.

1898. *Achatina zebra* Chemn., STURANY, Catal. Südafr. Moll., p. 58.

1898. *Achatina zebra* Chemn., MELVILL et PONSONBY, Proc. Malac. Soc. Lond., III, p. 179.

1902. *Achatina zebra* Chemn., E. A. SMITH, Proc. Malac. Soc. of Lond., V, p. 169.

1904. *Cochlitoma zebra* Chemn., PILSBRY in TRYON, Man. of Conch., XVII, p. 85, pl. 2ˢ, fig. 39; pl. 64, fig. 67.

1912. *Achatina zebra* Chemn., CONNOLLY, Ann. South. Afr. Mus., p. 203.

Habitat : Stn. 239, Port Elisabeth, Colonie du Cap, 23-VII-1912, 1 exemplaire.

Genre **Burtoa** BOURGUIGNAT.

Burtoa nilotica PFEIFFER fa. **typica.**

1861. *Bulimus niloticus*, PFEIFFER, Proc. Zool. Soc. Lond., p. 24 (Sources du Nil Blanc).

1862. *Bulimus Niloticus*, PFEIFFER, Malakoz. Bl., VIII, p. 14.

1864. *Limicolaria (Bulimus) nilotica* Pfr., DOHRN, Proc. Zool. Soc. Lond , p. 116 (Uganda, Karagwa).

1865. *Achatina (Limicolaria) Nilotica* Pfr., VON MARTENS, Malakoz. Bl., XII, p. 196.

1866. *Achatina (Limicolaria) Nilotica* Pfr., VON MARTENS, Malakoz. Bl., XIII, p. 94.

1868. *Bulimus Niloticus* PFEIFFER, Mon. Helic., VI, p. 86.

1868. *Bulimus Niloticus* Pfr., MORELET, Voyage Welwitsch, p. 48.

1870. *Limicolaria Nilotica* Pfr., PFEIFFER, Novitates, IV, pp. 5-6 (ex parte), pl. CX, fig. 2.

1870. *Achatina nilotica*, VON MARTENS, Malakoz. Bl., XVII, p. 32 (tantum).

1873. *Achatina (Limicolaria) nilotica* Pfr., VON MARTENS, Malakoz. Bl., XXI, p. 38.

1874. *Achatina nilotica* Pfr., JICKELI, Moll. N. O. Afr., p. 151.

1880. *Achatina (Limicolaria) nilotica* Pfr., E. A. SMITH, Proc. Zool. Soc. Lond., p. 345.

1881. *Limicolaria Nilotica* Pfr., PFEIFFER et CLESSIN, Nomencl. Helic., p. 262.

1881. *Limicolaria Nilotica* Pfr., CROSSE, Journ. de Conch., XXIX, pp. 138, 296.

1889. *Burtoa Nilotica* Pfr., BOURGUIGNAT, Moll. Afr. Equat., p. 89.

1889. *Livinhacia Nilotica* Pfr., CROSSE, Journ. de Conch., XXXVII, p. 109.

1891. *Achatina (Livinhacia) nilotica* Pfr., VON MARTENS, Sitzungsber. Ges. Naturf. Fr. Berl., p. 14.

1893. *Livinhacia nilotica* Pfr., KOBELT, Conch. Cab, 2ᵉ édit., p. 5, pl. 1, fig. 1.

1893. *Livinhacia nilotica* Pfr., E. A. SMITH, Proc. Zool. Soc. of Lond., p 634.

1895. *Burtoa nilotica* Pfr., E. A. SMITH, Proc. Malac. Soc. of Lond., I, p. 323.

1897. *Limicolaria (Livinhacia) nilotica* Pfr., VON MARTENS, Besch. Weicht. D. O. Afr., p. 94.

1904. *Burtoa nilotica* Pfr., PILSBRY *in* TRYON, Manual of Conch., XVI, p. 300, pl. 27, fig. 5.

1906. *Burtoa nilotica* Pfr., REYNELL, Proc. Malac. Soc. of Lond., VII, p. 197, pl. 17, fig. 1-3.

1906. *Burtoa nilotica* Pfr., GERMAIN, Bull du Muséum, p. 171.

1906. *Achatina (Burtoa) nilotica* Pfr., PRESTON, Proc. Malac. Soc of Lond., VII, p. 89.

1907. *Burtoa nilotica* Pfr., MELVILL et STANDEN, Manchester Memoirs, LI, 4, p. 11.

1907. *Burtoa nilotica* Pfr., GERMAIN, Mollusques Afrique centr. franç., p. 487.

1912. *Burtoa nilotica* Pfr., CONNOLLY, Ann. South Afr. Mus., p. 189.

1912. *Burtoa nilotica* Pfr., GERMAIN, Bull. Muséum hist. nat., p. 434.

1913. *Burtoa nilotica* Pfr., GERMAIN, Bull. Muséum hist. nat., p. 285.

Habitat : Stn. 244, Bukama, 9° lat. S., Katanga, 1 exemplaire.

Burtoa nilotica PFEIFFER var. Dupuisi PUTZEYS.

1899. *Livinhacia Dupuisi*, PUTZEYS, Diagn. Coq. nouv. Congo *in* Bull. Soc. Roy. Malac. Belg., p. LXXXII, fig. 1.

1904. *Burtoa Dupuisi* Putz., PILSBRY *in* TRYON, Manual, XVI, p. 306, pl. 23, fig. 47.

1911. *Burtoa Louisettae*, JOUSSEAUME, Bull. Soc. Zool. Fr., XXXVI, p. 94, fig.

Habitat : Stn. 240, Kibombo, Congo supérieur, 4° lat. S., 1 exemplaire.

Var. **obliqua** von Martens.

1895. *Limicolaria nilotica* Pfr. var. *obliqua*, von Martens, Nachrichtsblatt d. d. Malakoz. Ges., p. 181.

1897. *Limicolaria (Livinhacia) nilotica* Pfr. var. *obliqua*, von Martens, Beschalte Weicht. D. O. Afr., p. 97, fig.

1904. *Burtoa nilotica* Pfr var. *obliqua* v. Mrts., Pilsbry *in* Tryon, Manual, 2ᵉ sér., XVI, p. 303, pl. 30, fig. 18.

Habitat : Stn. 249, près d'Ankoro, Katanga, 1 exemplaire très frais, avec son épiderme brun foncé et l'ouverture colorée de rose très vif.

Genre **Limicolaria** Schumacher.

Limicolaria Martensi E. A. Smith (emend.).

1864. *? Limicolaria tenebrica*, Dohrn (non Reeve), Proc. Zool. Soc. of Lond., p. 116.

1866. *Limicolaria tenebrica*, H. Adams (non Reeve), Proc. Zool. Soc. of Lond., p. 375.

1880. *Achatina (Limicolaria) Martensiana*, E. A. Smith, Proc. Zool. Soc. of Lond., p. 345, pl. XXXI, fig. 1, et var. *multifida*, fig. 1ᵃ.

1881. *Limicolaria Martensiana* Sm., Crosse, Journ. de Conch., XXIX, pp. 138, 297

1885. *Limicolaria Martensiana* Sm., Grandidier, Bull. Soc. Malac. Fr., II, p. 162.

1885. *Limicolaria Giraudi*, Bourguignat, Moll. Giraud, p. 24.

1886. *Limicolaria Martensiana* Sm., Pelseneer, Bull. Mus. Hist. Nat. Belgique, p. 104.

1889. *Limicolaria Giraudi*, Bourguignat, Moll. Afrique Équat., p. 104, pl 6, fig. 7, 8.

1890. *Limicolaria Martensiana* Sm., Sowerby, Shells of Tanganyika, fig 18.

1893. *Limicolaria Martensiana* Sm., Smith, Proc. Zool. Soc. of Lond., p. 634.

1894. *Limicolaria Martensiana* Sm., Sturany, Durch Masaïland zur Nilquelle, p. 15.

1895. *Limicolaria Martensiana* Sm., Kobelt, Conch. Cab., 2ᵉ édit., p. 57, pl. 18, fig. 2-7, et var. *elongata*, pl. 21, fig. 2, 3.

1898. *Limicolaria Martensiana* Sm., von Martens, Beschalte Weicht. D. O. Afr., p. 108, pl. 1, fig. 10.

1904. *Limicolaria Martensiana* Sm., Pilsbry *in* Tryon, Man. of Conch., 2ᵉ sér., XVI, p. 289, pl. 34, fig. 33-40

1905. *Limicolaria Martensi* Sm., GERMAIN, Bull. du Muséum, p. 255
1906. *Limicolaria Martensi* Sm., GERMAIN, Bull. du Muséum, pp. 296, 497.
1906. *Limicolaria Martensiana* Sm., PRESTON, Proc Malac. Soc. of Lond., VII, p. 89.
1908. *Limicolaria Martensiana* Sm., DAUTZENBERG, Récoltes Ch. Alluaud *in* Journ. de Conch., LVI, p. 13.
1908. *Limicolaria Martensi* Sm., GERMAIN, Moll. Lac Tanganyika, p 27.
1909. *Limicolaria Martensi* Sm., GERMAIN, Bull. du Muséum, p. 272.
1911. *Limicolaria Martensi* Sm., GERMAIN, Notice malacologique, Doc. scient. Mission Tilho, II, p. 173

Habitat : Stn. 2, La Lowa, entre 1° et 2° lat. S., sur le Lualaba, près de Ponthierville.

Var. ex colore **albina** nov. var.

D'une coloration blanc jaunâtre uniforme, sans flammules; columelle teintée de violet.

Habitat : Stn. 2, La Lowa, entre 1° et 2° lat. S., sur le Lualaba, près de Ponthierville, 1 exemplaire.

Var. ex. forma **elongata** VON MARTENS.

1883. *Limicolaria Martensiana*, var. *elongata*, VON MARTENS, Sitzungsb. der Ges. Naturf. Fr., p. 72.
1885. *Limicolaria Martensiana*, var. *elongata*, VON MARTENS, Conch. Mittheilungen, II, p. 189, pl. XXXIV, fig. 1, 2.

Habitat : Stn. 2, La Lowa, entre 1° et 2° lat. S., sur le Lualaba, près de Ponthierville, 1 exemplaire, appartenant à la var. ex colore *albina*. On aperçoit sur le dernier tour quelques légères indications de flammules qui ne se détachent sur le fond jaunâtre que par une teinte à peine plus claire.

La var. *elongata* se distingue du type par sa forme plus étroite et plus allongée.

Var. ex forma **eximia** VON MARTENS.

1895. *Limicolaria Martensiana* Sm., var. *eximia*, VON MARTENS, Nachrichtsbl. d D Malak. Ges., p. 183.

1897. *Limicolaria Martensiana* Sm., var. *eximia*, VON MARTENS, Beschalte Weicht. D. O. Afr., p. 110, pl. V, fig. 34, 34ª.

Habitat : Stn. 109, Bukama, 9° 30' lat. S., Katanga, 2 exemplaires.

Cette variété est remarquable par sa grande taille, sa forme large et ses tours convexes.

Genre **Perideriopsis** DUPUIS et PUTZEYS.

Perideriopsis fallsensis DUPUIS et PUTZEYS.

1900. *Perideriopsis fallsensis*, DUPUIS et PUTZEYS, Bull. Soc. roy. Malac. Belg., pp. XIII-XIV, fig. 19-20.
1904. *Perideriopsis fallsensis* Dup. et Putz., PILSBRY *in* TRYON, Manual of Conchol., 2ᵉ série, Pulmon., XVI, p. 244, pl. 17, fig. 82-83.

Habitat : Stn. 4, bords de la Lowa, entre 1° et 2° lat. S., 1 exemplaire.

Genre **Ceras** DUPUIS et PUTZEYS.

Ceras Dautzenbergi DUPUIS et PUTZEYS.

1901. *Ceras Dautzenbergi*, DUPUIS et PUTZEYS, Bull. Soc. roy. Malac. Belg., p. XXXVIII, fig. 10.
1904. *Ceras Dautzenbergi*, Dup. et Putz., PILSBRY *in* TRYON, Manual of Conchology, 2ᶜ sér., Pulmon., XVII, p. 155, n° 1, pl. XCIV, fig. 3.

Habitat : Stn. 21, Vieux Kassongo, Manyema, 16-XII-1910, 1 exemplaire.

Genre **Pseudoglessula** BOETTGER.

Pseudoglessula gracilior E. A. SMITH.

1904. *Pseudoglessula gracilior*, E. A. SMITH, Proc. Malac. Soc. of Lond., VI, p. 69, fig. III.
1905. *Pseudoglessula gracilior* Sm., PILSBRY *in* TRYON, Manual of Conchol., 2ᵉ sér., Pulmon., XVII, p. 167, n° 15, pl. LXI, fig. 92.

Habitat : Stn. 162, Kapoyo, entre Kiambi et Sampwe, 12-XI-1911, 1 exemplaire.

Pseudoglessula Lemairei nov. sp. — Pl. IV, fig. 17, 18 (×5).

Testa imperforata, tenuis, subulato-turrita. Spira elata, versus apicem paululum attenuata, apice subpapilloso. Anfr. 10 convexi, sutura impressa juncti : primi 2 leves, ceteri oblique costulati ; costulae filiformes, sat remotae, in anfr. ultimo debiliores fiunt. Anfr. ultimi peripheria subangulata. Apertura ovato-rotundata, marginibus callo tenuissimo junctis ; columella valde incrassata et in basi brevissime truncata ; labrum simplex et arcuatum.
Color saturate fulvus ; columella paullo pallidior.
Altit. 14 ; diam. maj. 4 millim. ; apertura 3 millim. alta, 2 millim. lata.

Coquille imperforée, mince, allongée, turriculée. Spire haute, légèrement atténuée vers le sommet, qui est subpapilleux, composée de 10 tours convexes, séparés par une suture bien accusée. Les deux premiers tours sont lisses, les autres ornés de costules obliques filiformes très délicates, assez espacées et qui s'atténuent encore sur le dernier tour. Dernier tour subanguleux à la périphérie. Ouverture ovale-arrondie, bords du péristome reliés par une callosité appliquée très mince. Columelle fortement arquée, épaissie, brièvement tronquée à la base. Labre simple, arqué.

Coloration fauve assez foncé; columelle un peu plus claire.

Habitat : Stn. 89, Lukonzolwa (Katanga), 12-I-1912, 5 exemplaires.

Il est intéressant de constater que cette espèce rappelle, comme forme générale et comme ornementation, certains *Pseudoglessula* de l'Afrique occidentale, notamment le *Pseudoglessula fuscidula* Morelet ([1]).

Genre Subulina Beck.

Subulina perstriata von Martens.

1895. *Subulina perstriata*, von Martens, Nachrichtsbl. d. d. Malak. Ges., p. 184.

---

[1]) Morelet (A.). *Séries conchyliologiques*, I, 1858, p. 26, pl. 1, fig. 9 (*Achatina*).

1897. *Subulina (s. s.) perstriata*, VON MARTENS, Beschalte Weicht. D. O. Afr., p. 122, pl. V, fig. 24.
1906. *Subulina perstriata* v. M., PILSBRY *in* TRYON, Manual of Conch., 2ᵉ série, Pulmon.; XVIII, p. 89, nº 24, pl. XIV, fig. 39.

Habitat : Stn. 18, Lukolela, Moyen-Congo, 1º lat. S., 5-X-1910, 3 exemplaires défectueux; stn. 40, Malema, Congo supérieur, 2º lat. N., 14-X-1910, 2 exemplaires (var.).

Subulina normalis MORELET.

1885. *Stenogyra normalis*, MORELET, Journ. de Conch., XXXIII, p. 24, pl. II, fig. 7.
1906. *Subulina normalis* Mor., PILSBRY *in* TRYON, Manual of Conch., 2ᵉ série, Pulmon.; XVIII, p. 82, nº 9, pl. XIII, fig. 25.

Habitat : Stn. 53, bords du Congo, près Kwamouth 3º 30' lat. S., 30-IX-1910, 5 exemplaires.

Subulina leia PUTZEYS.

1899. *Subulina leia*, PUTZEYS, Bull. Soc. roy. Malac. Belg , p. LVII, fig. 8.
1907. *Subulina leia* Putz., PILSBRY *in* TRYON, Manual of Conch., 2ᵉ série, Pulmon.; XVIII, p. 84, nº 13, pl. XIII, fig. 24.

Habitat : Stn. 22, Moipungoi, entre Ankoro et Kikondja, Katanga, 7º-8º lat. S., 3-III-1911, 9 exemplaires; stn. 23, Lissala, Bangala, 12-X-1910, 1 exemplaire et 1 fragment; stn. 32, Bukama, Katanga, 9º-10º lat. S., 6-VI-1911, 12 exemplaires; stn. 64, Kikondja, Katanga, 27-II 1911, 2 exemplaires; stn. 113, Mufumbi, le long du Luapula, Katanga, 11º lat. S., 10-II-1912, 2 exemplaires; stn. 121, Lukonzolwa, Katanga, 30-XII-1911, 3 exemplaires; stn. 147, Kisantu, Bas-Congo, 21-IX-1910, 1 exemplaire; stn. 186, Kalassa, 17-II-1912, 11º 30' lat. S., 2 exemplaires; stn. 202, Niemba Kunda, près Kiambi, 9-XI-1911, 2 exemplaires jeunes.

Subulina subangulata PUTZEYS.

1899. *Subulina subangulata*, PUTZEYS, Bull. Soc. roy. Malac. Belg., p. LVIII, fig. 9.

1906. *Subulina subangulata* Putz., PILSBRY *in* TRYON, Manual of Conch., 2ᵉ série, Pulmon.; XVIII, p. 84, n° 14, pl. XIII, fig. 23.

Habitat : Stn. 12, Kisantu (Bas-Congo), 21-IX-1910, 7 exemplaires.

Genre **Prosopeas** MOERCH.

Prosopeas elegans nov. sp. — Pl. II, fig. 3, 4 (×15).

Testa tenuicula, elongato-turrita. Spira elata, apice obtuso. Anfr. 7 convexi, sutura impressa et crenulata juncti : primi tres leves, ceteri costulis longitudinalibus prominulis, quam interstitia vix angustioribus regulariter ornati. In anfr. ultimi basi costulae multo debiliores fiunt, sed non omnino evanescunt. Apertura subquadrata. Columella rectiuscula, basin versus torta. Labrum acutum et vix arcuatum.
Color albus, subhyalinus. Altit. 11 ; diam. maj. 3,3 millim. ; apertura 2,3 millim. alta, 1,5 millim. lata.

Coquille mince, allongée-turriculée. Spire élevée, obtuse au sommet, composée de 7 tours convexes, séparés par une suture bien accusée et crénelée par les extrémités des costules. Trois tours embryonnaires lisses, les autres ornés de costules axiales bien saillantes, à peine plus étroites que leurs intervalles. Ces côtes s'atténuent beaucoup sur la base du dernier tour, mais sans s'effacer cependant tout à fait. Ouverture subquadrangulaire. Columelle presque perpendiculaire, tordue vers la base. Labre tranchant, à peine arqué.

Coloration blanche subhyaline.

Habitat : Stn. : 200, Niemba Kunda, près Kiambi, 9-XI-1911, 3 exemplaires; stn. 122, Lukonzolwa, 12-I-1912, 1 fragment; stn. 160, Lukonzolwa, 12-I-1912, 2 exemplaires.

Genre **Opeas** ALBERS.

Opeas venustum E. A. SMITH.

1903. *Opeas venusta*, E. A. SMITH, Journal of Conch., X, p. 319, pl. IV, fig. 21.

1906. *Opeas venustum* Sm., PILSBRY *in* TRYON, Manual of Conch., 2ᵉ série, Pulmon.; XVIII, p. 146, n° 17, pl. XV, fig. 69.

Habitat : Stn. 30, Bukama, Katanga, 9°-10° lat. S., 7-III-1911, 4 exemplaires; stn. 63, Kikondja, Katanga, 27-II-1911, 2 exemplaires et 1 fragment.

FAMILLE DES SUCCINEIDAE.

Genre **Succinea** DRAPARNAUD.

Succinea Baumanni STURANY.

1894. *Succinea Baumanni*, STURANY, Durch Masaïland zur Nilquelle, p. 17, pl. 24, fig. 1, 6, 11, 15, 20, 21, 26.
1897. *Succinea Baumanni* Stur., VON MARTENS, Beschalte Weicht. D. O. Afr., p. 132, pl. V, fig. 35.
1906. *Succinea Baumanni* Stur., NEUVILLE et ANTHONY, 4ᵉ liste Moll. Abyssinie *in* Bull. du Muséum, p. 412.
1908. *Succinea Baumanni* Stur., NEUVILLE et ANTHONY, Rech. Moll. Abyssinie *in* Ann. Sc. Nat., p. 281.

Habitat : Stn. 128, Lukonzolwa, bords du lac Moëro, 30-XII-1911, 2 exemplaires; stn. 165, Nyangwe 31-XII-1910, 1 exemplaire.

FAMILLE DES LIMNAEIDAE.

Genre **Limnaea** DE LAMARCK.

Limnaea (Radix) natalensis KRAUSS.

1848. *Limnaeus natalensis*, KRAUSS, Südafr. Moll., p. 85, pl. V, fig. 15.
1862. *Limnaeus natalensis* Kr., KÜSTER, Conch. Cab., 2ᵉ édit., p. 31, pl. 6, fig. 1-3.
1865. *Limnaea natalensis* Kr., DOHRN, Proc. Zool. Soc. of Lond., p. 233.
1868. *Limnaea natalensis* Kr., MORELET, Voyage Welwitsch, pp. 40, 42.
1869. *Limnaeus natalensis* Kr., VON MARTENS, v. d. Deckens Reise, p. 152.
1870. *Lymnaea natalensis* Kr., VON MARTENS, Malakoz. Blätter, p. 85.
1870. *Limnaea natalensis* Kr., BLANFORD Obs. Géol. et Zool. Abyss., p. 472.

1872. *Limnaea natalensis* Kr., SOWERBY *in* REEVE, Conch Icon., pl. VII, fig. 46.

1873. *Limnaea natalensis* Kr., VON MARTENS, Malakoz Blätter, p. 42.

1874. *Limnaea natalensis* Kr., JICKELI, Moll. N. O. Afr., p. 190, pl. III, fig. 1.

1877. *Limnaea natalensis* Kr., E. A. SMITH, Proc. Zool Soc. of Lond., p. 718.

1881. *Limnaea natalensis* Kr, E. A. SMITH, Proc. Zool. Soc. of Lond., p. 295.

1881. *Limnaea natalensis* Kr., CROSSE, Journ. de Conch., XXIX, p. 279.

1889. *Limnaea natalensis* Kr., G. PFEIFFER, Jahrb. Hamburg. Wiss. Anst., VI, p. 24.

1889. *Limnaea (Limosina) natalensis* Kr., BOURGUIGNAT, Moll. Afr. Équat., p 156.

1891. *Limnaea natalensis* Kr, E. A. SMITH, Proc. Zool. Soc. of Lond., p. 309.

1904. *Limnaea natalensis* Kr., E. A. SMITH, Proc. Malac. Soc. of Lond., p. 98.

1906. *Limnaea natalensis* Kr., E. A. SMITH, Proc. Malac. Soc. of Lond., p. 184.

1908. *Limnaea natalensis* Kr., GERMAIN, Moll. Lac Tanganyika, p. 14.

1912. *Limnaea natalensis* Kr., CONNOLLY, Ann. South Afr. Mus., XI, p. 233.

Habitat : Stn. 220, Port Elisabeth, Colonie du Cap, 23-VII-1912, 2 exemplaires et 1 jeune.

Limnaea (Radix) Undussumae VON MARTENS.

1897. *Limnaea undussumae* VON MARTENS, Beschalte Weicht. D. O. Afr , p. 135, pl. I, fig. 18; pl. VI, fig. 2, 5.

1907. *Limnaea undussumae* v. M., GERMAIN, Mollusques Afrique centr. française, p 492.

1912. *Limnaea undussumae* v. M., GERMAIN, Bull. du Muséum, XXX, p. 2.

Habitat : Stn. 9, Kisantu, Bas-Congo, 21-IX-1910, 5 exemplaires; stn. 37, marais desséché à Bukama, 17-VII-1911, 12 exemplaires; stn. 158, Kibondo Lualaba, entre Kikondja et Bukama, 14-X-1911, 2 exemplaires et 1 jeune.

Cette forme ne doit, à notre avis, être regardée que comme une variété du *L. natalensis* KRAUSS. Sa spire est un peu plus haute

que celle du *natalensis*, mais un peu moins que celle du *L. exserta*
von Martens.

Limnaea (Radix) exserta von Martens.

1866. *Limnaeus Natalensis*, Krauss, var. *exsertus*, von Martens,
Malakoz, Blätter, XIII, p 101, pl. 3, fig. 8, 9.
1874. *Limnaea Natalensis* Kr., var. *exserta* v. M., Jickeli, Land und
Süssw. Moll. N. O. Afr., p 191.
1883. *Limnaea exserta* v. M., Bourguignat, Ann. Sc. Nat., 6e sér., XV,
pp. 90, 125.
1883. *Limnaea exserta* v. M., Bourguignat, Hist. Malac. Abyssinie,
pp. 90, 125.
1889. *Limnaea (Exsertiana) exserta* v M., Bourguignat, Moll. Afr.
équat., p. 155.
1897. *Limnaea exserta* v. M., von Martens Besch. Weicht. D. O. Afr.,
p. 136, pl. VI, fig. 7.
1898. *Limnaea exerta* (sic) v. M , Pollonera, Boll. Mus. Zool. ed Anat.
Comp. di Torino, XIII, p. 10.
1905. *Limnaea exserta* v. M., Germain, Bull. du Muséum, p. 251.
1907. *Limnaea exserta* v. M , Germain, Mollusques Afrique centrale
française, p. 494.
1908. *Limnaea exserta* v. M., Germain, Moll. Lac Tanganyika, p. 14.
1912. *Limnaea natalensis* v. M., var. *exserta* v. M., Connolly Ann.
South Afr. Mus., XI, p 234.

Habitat : Stn. 150, Lukonzolwa, lac Moëro, 30-XII-1911,
1 exemplaire; stn. 168, Lubumbashi, Elisabethville, 9-III-1912,
3 exemplaires; stn. 190, Luwua riv. (Katanga), XI-1911, 1 exemplaire.

Le *L. exserta* nous semble n'être qu'une variété à test mince
et spire un peu plus allongée du *L. natalensis* Krauss.

Genre **Planorbis** (Guettard) Müller.

Planorbis (Coretus) sudanicus von Martens.

1870. *Planorbis Sudanicus*, von Martens, Malak. Blätter, VII, p. 135.
1871. *Planorbis Sudanicus*, Pfeiffer, Novitates, IV, p. 23. pl. CXIV,
fig 6-9.
1873. *Planorbis Sudanicus* von Martens, Malak. Blätter, XXI, p. 41.

1874. *Planorbis Sudanicus* v. M., JICKELI, Moll. N. O. Afr., p. 215.

1880. *Planorbis Sudanicus* v. M., E A. SMITH, Proc. Zool. Soc. of Lond., p. 349.

1881. *Planorbis Sudanicus* v. M , E. A. SMITH, Proc. Zool. Soc. of Lond., p. 294.

1881. *Planorbis Sudanicus* v. M., CROSSE, Journ. de Conch., pp. 109, 278.

1886. *Planorbis Sudanicus* v. M., CLESSIN, Conch. Cab., 2ᵉ édit., p. 135, pl. 22, fig. 5.

1886. *Planorbis Sudanicus* v. M., PELSENEER, Bull. Mus. roy. Hist. Nat. Belg., p. 104.

1888. *Planorbis Sudanicus* v. M., E. A. SMITH, Proc. Zool. Soc. of Lond., p. 55.

1888. *Planorbis Sudanicus* v. M., BOURGUIGNAT, Icon. Malac. Lac Tanganyika, pl. I, fig. 13-15.

1890 *Planorbis Sudanicus* v. M., BOURGUIGNAT, Ann. Sc. Nat. 7ᵉ ser., X, p. 15.

1894. *Planorbis Sudanicus* v. M., STURANY, Durch Masaïland zur Nilquelle, pp. 3-14, pl. I, fig. 10, 14. (var. *magna*).

1897. *Planorbis Sudanicus* v. M., VON MARTENS, Beschalte Weicht. D. O. Afr., p. 146, pl. I, fig. 17. (var. *minor*).

1898. *Planorbis sudanicus* v. M., POLLONERA, Boll. Mus. Torino, XIII, p. 9.

1904. *Planorbis sudanicus*, v. M., E. A. SMITH, Proc. Malac. Soc. Lond., VI, p. 98.

1905. *Planorbis sudanicus* v. M., GERMAIN, Bull. du Mus., p. 269.

1906. *Planorbis sudanicus* v. M., GERMAIN, Mém. Soc. Zool. Fr., XIX, p. 223.

1906. *Planorbis sudanicus* v. M., E. A. SMITH, Proc. Zool. Soc. of Lond., p 184.

1907. *Planorbis sudanicus* v. M., GERMAIN, Bull. du Muś., p. 269.

1907. *Planorbis sudanicus* v. M., GERMAIN, Mollusques Afrique centrale française, p. 594.

1908. *Planorbis sudanicus* v. M., GERMAIN, Moll. Lac Tanganyika, p. 14.

1910. *Planorbis sudanicus* v. M., GERMAIN, Bull. du Mus., p. 206

1911. *Planorbis sudanicus* v. M., GERMAIN, Notice malacologique. Documents scient. Mission Tilho; II, p. 187.

1912. *Planorbis sudanicus* v. M., GERMAIN, Bull. du Mus., p. 2.

Habitat : Stn. 140, Kibondo, entre Kikondja et Bukama, 14-X-1911, 1 exemplaire.

Planorbis (Coretus) adowensis BOURGUIGNAT.

1879. *Planorbis adowensis,* BOURGUIGNAT, Descr. Moll. Egypte etc.,
p. 11.
1883. *Planorbis adowensis,* BOURGUIGNAT, Hist. Malac. Abyssinie,
pp. 101, 128.
1888. *Planorbis adowensis,* BOURGUIGNAT, Icon. mal. Tanganyika,
p. 17, pl. I, fig. 1-4.
1890. *Planorbis adowensis,* BOURGUIGNAT, Hist. malac. Lac Tanganyika,
p. 17, pl. I, fig. 1-4.
1897. *Planorbis adowensis* Bourg., VON MARTENS, Beschalte Weicht.
D. O. Afr., p. 147.
1898. *Planorbis Herbini* var. *adowensis* Bourg., POLLONERA, Bull. Mus.
Torino XIII, p. 11.
1904. *Planorbis adowensis* Bourg., SMITH, Proc. Malac. Soc. of Lond. VI,
p. 98.
1904. *Planorbis adowensis* Bourg., GERMAIN, Bull. du Mus. X, pp. 348,
350.
1905. *Planorbis adowensis* Bourg., GERMAIN, Bull. du Mus., p. 252.
1906. *Planorbis adowensis* Bourg., NEUVILLE et ANTHONY, 3e Liste
Moll. Abyssinie *in* Bull. du Mus., p. 319.
1907. *Planorbis adowensis* Bourg., GERMAIN. Mollusques Afrique centrale française, p. 507.
1908. *Planorbis adowensis* Bourg., GERMAIN, Moll. Lac Tanganyika,
p. 14.

Habitat : Stn. 39, Lubumbashi, Elisabethville, 9-III-1912,
5 exemplaires; stn. 90, Lukete, entre Kiambi et Sampwe, 8° lat. S.,
28° long., 14-XI-1911, 6 exemplaires jeunes; stn. 129, Lukonzolwa,
lac Moëro, 30-XII-1912, 2 exemplaires et 1 très jeune.

Planorbis (Tropidiscus) Gibbonsi NELSON.

1878. *Planorbis (Giraulus) Gibbonsi,* NELSON, Quart. Journ. of Conch. 1,
p. 379, pl. IV, fig. 3.
1897. *Planorbis Gibbonsi* Nels., VON MARTENS, Ostafr. Moll., p. 5.
1897. *Planorbis Gibbonsi* Nels., VON MARTENS, Beschalte Weicht. D. O.
Afrikas, p. 150.
1905. *Planorbis Gibbonsi* Nels., NEUVILLE et ANTHONY, 2e Liste Moll.
Abyssinie *in* Bull. Mus. Hist. Nat., p. 196.
1908. *Planorbis Gibbonsi* Nels., NEUVILLE et ANTHONY, Rech. Moll.
Abyssinie *in* Ann. des Sc. nat. VIII, p. 259.

1912. *Planorbis Gibbonsi* Nels., CONNOLLY, Ann. South Afr. Mus. XI, p. 236.

Habitat : Stn. 161, lac Kisale, Kikondja, 27-XI-1911, 1 exemplaire et 1 jeune.

Le *Planorbis mutandaensis* PRESTON est synonyme de cette espèce.

Genre **Segmentina** FLEMING.

Segmentina angusta JICKELI.

1873. *Segmentina angusta*, JICKELI, mss. *in* VON MARTENS, Malakoz. Blätter, XXI, p. 42.

1874. *Segmentina angusta*, JICKELI, Moll. N. O. Afrikas, p. 220, pl. VII, fig. 24^a, 24^b, 24^c.

1883. *Segmentina angusta* Jick., BOURGUIGNAT, Hist. Malac. Abyssinie, p. 129.

1884. *Segmentina angusta* Jick., INNES, Bull. Soc. Malac. Fr. I, p. 345.

1903. *Segmentina angusta* Jick., PALLARY, Moll. rec. par Innès Bey dans le Haut-Nil, p. 6.

1912. *Segmentina eussoensis*, PRESTON, Proc. Zool. Soc , p. 191, pl. XXI, fig. 6.

1912. *Segmentina Kempi*, PRESTON, Proc. Zool. Soc., p. 191, pl. XXI, fig. 7.

Habitat : Stn. 94, lac Kisale (Kikondja), Katanga, 27-II-1911, 3 exemplaires.

Les exemplaires rapportés par M. BEQUAERT ne sont pas tout à fait typiques : ils ont l'ombilic un peu plus étroit.

Genre **Bullinus** ADANSON.

Bullinus (Pyrgophysa) Forskali EHRENBERG.

1830. *Isidora Forskalii*, EHRENBERG, Symb. Phys. Moll., n° 3.

1856. *Physa Forskalii* Ehr., BOURGUIGNAT, Revue et Mag. de Zool , 2ᵉ série, VIII, p. 235.

1856. *Physa Fischeriana*, BOURGUIGNAT, Revue et Mag. de Zool., 2ᵉ série, VIII, p. 240, pl. 2, fig. 1-3.

1866. *Physa (Isidora) Forskalii* Ehr., VON MARTENS, Malak. Bl., XIII, pp. 6, 100.

1868. *Physa Forskalii* Ehr., MORELET, Voy. Welwitsch., pp. 39, 40.

1868. *Physa Fischeriana* Bourg., MORELET, Voy. Welwitsch., p. 40.

1869. *Physa (Isidora) Forskalii* Ehr., VON MARTENS, Malak. Bl.. p. 213.

1869. *Physa Fischeriana* Bourg., VON MARTENS, Malak. Bl , p. 214.

1872. *Physa Forskalii* Ehr., MORELET, Ann Mus. Genova, III, p. 208.

1872. *Physa Beccarii*, PALADILHE, Ann. Mus. Genova, III, p. 23, pl. I, fig. 7, 8.

1874. *Isidora Forskalii* Ehr., JICKELI, Land. und Süssw. Moll. N. O. Afr., p. 198, pl. III, fig. 3; pl. VII, fig. 13^a-13^h.

1883. *Physa Forskalii* Ehr , BOURGUIGNAT, Hist. Malac. Abyss., pp. 98, 127.

1886. *Physa Forskalii* Ehr., CLESSIN, Conch. Cab., 2e édit., p. 320, pl. 39, fig. 2.

1889. *Isidora Forskalii* Ehr., G. PFEIFFER, Jahrb. Hamb. Wiss. Anst., VI, p. 25.

1897. *Isidora Forskalii* Ehr , VON MARTENS, Ostafr. Moll., p. 5.

1897. *Isidora Forskalii* Ehr , VON MARTENS, Beschalte Weicht. D. O. Afr., p. 141, pl. I, fig. 15.

1898. *Isidora Forskalii* Ehr., POLONNERA, Boll. Mus. Zool. ed Anat. Comp. Torino, XIII, p. 12.

1903. *Pyrgophysa Forskalii* Ehr., PALLARY, Moll. rec. par Innès Bey dans le Haut-Nil, p. 5.

1905. *Pyrgophysa Forskalii* Ehr., NEUVILLE et ANTHONY, 1re liste Moll. Abyssinie *in* Bull. du Mus., p. 115.

1906. *Physa (Isidora) Forskalii* Ehr., NEUVILLE et ANTHONY, 4e liste Moll. Abyssinie *in* Bull. du Mus., p. 411.

1906. *Isidora (Pyrgophysa) Forskalii* Ehr., NEUVILLE et ANTHONY, Rech. Moll. Abyssinie *in* Ann. des Sc. Nat., VIII, pp. 271, 273.

1907. *Physa (Pyrgophysa) Forskalii* Ehr., GERMAIN, Moll. Afrique centrale française, p. 499.

Habitat : Stn. 95, lac Kisale, Kikondja (Katanga), 27-II-1911, 1 exemplaire.

Var. **lamellosa** ROTH.

1855. *Isidora lamellosa*, ROTH, Malak. Bl., II, p. 49, pl. II, fig. 14, 15.

1856. *Physa lamellosa* Roth, BOURGUIGNAT, Revue et Mag. de Zool., 2e série, VIII, p. 235.

1866. *Physa (Isidora) lamellosa* Roth, VON MARTENS, Malak. Bl., XIII, p. 6.

1868. *Physa lamellosa* Roth, Morelet, Voy. Welwitsch., p. 39.
1869. *Isidora lamellosa* Roth, Dohrn, Malak. Bl., XVI, p. 15.
1869. *Isidora lamellosa* Roth, von Martens, Malak. Bl., XVI, p. 213.

Habitat : Stn. 95, lac Kisale, Kikondja (Katanga), 27-II-1911, 1 exemplaire; stn. 178, Muyumbwe, Lualaba, 9° lat. S., 15-X-1911, 1 exemplaire.

Genre **Physopsis** Krauss.

Physopsis africana Krauss.

1848. *Physopsis africana*, Krauss, Südafr. Moll., p. 85, pl. 5, fig. 14.
1856. *Physopsis africana* Kr., Bourguignat, Aménités malac. *in* Revue et Mag. de Zool., 2ᵉ série, VIII, p. 241.
1858. *Physopsis africana* Kr., H. et A. Adams, Gen. of rec. Moll., III, pl. 83, fig. 10.
1859. *Physopsis africana* Kr., von Martens, Malakoz. Bl., VI, p. 215.
1863. *Physopsis africana* Kr., Küster, Conch. Cab., 2ᵉ édit., p. 72, pl. 12, fig. 29, 30.
1864. *Physopsis africana* Kr., Dohrn, Proc. Zool. Soc. of Lond., p. 117.
1865. *Physopsis africana* Kr., Dohrn, Proc. Zool. Soc. of Lond., p. 233.
1866. *Physopsis africana* Kr, von Martens, Malak. Bl., pp. 8, 101.
1868. *Physopsis africana* Kr., Morelet, Voyage Welwitsch, pp. 40, 42.
1869. *Physopsis africana* Kr., von Martens, v. d. Deckens Reise, pp. 60, 152.
1869. *Physopsis africana* Kr, von Martens, Nachrichtsbl. d. d. Malak. Ges., I, p. 154.
1873. *Physopsis africana* Kr., von Martens, Malakoz Bl., XXI, p. 42,
1874. *Physopsis africana* Kr., Jickeli, Moll. N. O. Afr., p. 209.
1874. *Physa africana* Kr., Sowerby *in* Reeve, Conch. Icon., pl. I, fig. 3.
1877. *Physopsis africana* Kr., E. A. Smith, Shells fr. Lake Nyassa, Proc. Zool. Soc. Lond., p. 718.
1878. *Physopsis africana* Kr., von Martens, Monatsber. Akad. Wiss. Berl., p. 296.
1879. *Physopsis africana* Kr., Bourguignat, Descr. esp. Egypte, etc., p. 12.
1883. *Physa africana* Kr., Clessin, Conch. Cab., 2ᵉ édit., p. 409, pl. 41, fig. 12.
1889. *Physopsis africana* Kr., Bourguignat, Moll. Afrique équat., p. 159.
1891. *Physopsis africana* Kr., E. A. Smith, Proc. Zool. Soc. Lond., p. 309.

1891. *Physopsis africana* Kr., VON MARTENS, Sitzungsber. Berl. Ges.
    Naturf. Fr., p. 17.
1897. *Physopsis africana* Kr., VON MARTENS, Beschalte Weicht. D. O.
    Afr., p. 142.
1897. *Physopsis africana* Kr., VON MARTENS, Ostafrik. Moll., p. 5.
1905. *Physopsis africana* Kr., NEUVILLE et ANTHONY, 2e Liste Moll.
    Abyssinie *in* Bull. Mus. Hist Nat., p. 196.
1906. *Physopsis africana* Kr., NEUVILLE et ANTHONY, 3e Liste Moll.
    Abyssinie *in* Bull. Mus. Hist. Nat., p. 319.
1907. *Physopsis africana* Kr., MELVILL et STANDEN, Manchester
    Memoirs, LI, 1, p. 8.
1908. *Physopsis africana* Kr., NEUVILLE et ANTHONY, Rech. Moll.
    Abyssinie *in* Ann. Sc. Nat., VIII, pp. 266, 267, fig. 5; p. 268, fig. 6.
1912. *Physopsis africana* Kr., CONNOLLY, Ann. S. Afr. Mus., XI, p. 249.

Habitat : Stn. 70, Bukama (Katanga), 17-VII-1911, 4 exemplaires (forme extrême à spire très surbaissée); stn. 62, lac Moëro,
Kilwa, 25-XII-11, 3 exemplaires; stn. 93, Bulongo (Bukama),
9° lat. S., 2 exemplaires; stn. 139, Kibondo, entre Kikondja et
Bukama, 14-X-1911, 1 exemplaire; stn. 159, lac Kisale, Kikondja,
27-XI-1911, 3 exemplaires jeunes.

Var. **ovoidea** BOURGUIGNAT.

1869. *Physopsis africana* Kr, var., VON MARTENS, Nachrichtsbl. d. d.
    Malak. Ges., p. 154.
1879. *Physopsis ovoidea*, BOURGUIGNAT, Descr. div. esp. Egypte, etc.,
    p. 16 (non v. MARTENS).
1886. *Physa africana*, CLESSIN, Conch. Cab., 2e édit., p. 409, pl. 41,
    fig. 12.
1887. *Physopsis Lerovi*, GRANDIDIER, Bull. Soc. Malac Fr., IV, p. 189
1889. *Physopsis ovoidea*, BOURGUIGNAT, Moll. Afr. Equat., p. 159.
1897. *Physopsis ovoidea* Bourg., VON MARTENS, Beschalte Weicht. D.
    O. Afr., p. 143, pl. VI, fig. 13.
1908. *Physopsis ovoidea* Bourg., NEUVILLE et ANTHONY, Rech. Moll.
    Abyssinie *in* Ann. Sc. Nat., VIII, p. 269, fig. 7.

Habitat : Stn. 40, petit ruisseau Shisenda (Katanga), 12° 30'
lat. S., 3 exemplaires; stn. 188, Luvua, riv. (Katanga), XI-1911,
4 exemplaires jeunes.

Var. **Stanleyi** Bourguignat (emend.).

1879. *Physopsis Stanleyana*, Bourguignat, Descr. Moll. Egypte, Abyssinie, etc., p. 14.
1889. *Physopsis Stanleyana*, Bourguignat, Moll. Afr. Equat., pp. 159, 160.
1897. *Physopsis Stanleyana* Bourg., von Martens, Beschalte Weicht., D. O. Afr., p. 143.
1904. *Physopsis Stanleyi* Bourg., Rochebrune et Germain, Mém. Soc. Zool. Fr., XVII, p. 10.

Habitat : Stn. 7, Stanleyville, ruisseau, 19-X-1910, 9 exemplaires de différents âges; stn., 86, Lukonzolwa, lac Moëro, 30-XII-1911, 3 exemplaires; stn. 191, Lualaba, Kindu, 3° lat. S., 30-X-1910, 1 exemplaire.

Genre **Ancylus** Geoffroy.

Ancylus Stuhlmanni von Martens.

1897. *Ancylus Stuhlmanni*, von Martens, Beschalte Weicht. D. O. Afr., p. 151, pl. I, fig. 19. 19ᵇ.

Habitat : Stn. 111, Kalengwe, Lualaba, 9° 30′ lat. S., 16-IX-1911, 3 exemplaires jeunes; stn. 121, Lukonzolwa, lac Moëro, 30-XII-1911, 2 exemplaires jeunes.

GASTÉROPODES PROSOBRANCHES.

Famille des CYCLOSTOMATIDAE.

Sous-famille des *CYCLOSTOMINAE*.

Genre **Tropidophora** Troschel.

Tropidophora (s. stricto) anceps von Martens.

1878. *Cyclostoma anceps*, von Martens, Monatsber. Berl. Akad., p. 288, pl. 1, fig. 4.
1889. *Cyclostoma anceps* v. M., Bourguignat, Moll. Afrique équat., p. 150.

1890. *Cyclostoma anceps* v. M., SMITH, Ann. and Mag. Nat. Hist., 6ᵗʰ Ser. VI, p. 148.

1891. *Cyclostoma anceps* v. M., VON MARTENS, Sitzungsber. Ges. Naturf. Freunde, p. 14.

1894. *Cyclostoma anceps* v. M., E. A. SMITH, Proc. Malac. Soc. of Lond., p. 166.

1895. *Cyclostoma anceps* v. M., VON MARTENS, Ann. Mus. Genova, 2ᵉ sér., XV, p. 63.

1897. *Cyclostoma anceps* v. M., VON MARTENS, Beschalte Weicht. D. O. Afr., p. 3.

1908. *Cyclostoma anceps* v. M., DAUTZENBERG, Récoltes Ch. Alluaud *in* Journ. de Conch., LVI, p 23.

Habitat : Stn. 80, Kapoya, entre Kiambi et Sampwe (Katanga), 12-XI-1911, 1 exemplaire.

Sous-famille des *CYCLOPHORINAE*.

Genre **Cyclophorus**.

Cyclophorus intermedius VON MARTENS.

1897. *Cyclophorus intermedius*, VON MARTENS, Ostafr. Moll., p. 3.

1897. *Cyclophorus intermedius* v. M., Beschalte Weicht. D. O. Afr., p. 8, pl. II, fig. 3.

1899. *Cyclophorus intermedius* v. M., E. A. SMITH, Proc. Zool. Soc. of Lond., p. 591.

Habitat : Stn. 44, Vieux-Kassongo, 17-XII-1910, 4 exemplaires morts; stn. 46, Lukonzolwa (Katanga), 12-I-1912, 5 exemplaires vivants.

FAMILLE DES AMPULLARIIDAE.

Genre **Ampullaria** DE LAMARCK.

Ampullaria ovata OLIVIER.

1804. *Ampullaria ovata*, OLIVIER, Voyage dans l'Empire ottoman, II, p. 39; Atlas, pl. XXI, fig. 1.

1823. *Ampullaria ovata* Oliv., CAILLIAUD, Voyage à Méroé, Atlas, pl. LX, fig. 10.

1827. *Ampullaria ovata* Oliv., CAILLIAUD, Voyage à Méroé, **texte**, IV, p. 284.

1827. *Ampullaria ovata* Oliv., AUDOUIN *in* SAVIGNY, Descr. Coq. Egypte, p. 165, pl. II, fig. 25^1, 25^2.

1839. *Ampullaria ovata* Oliv., ROTH, Moll. Itin. per Orientem, Dissert. inaugur., p. 25.

1851 *Ampullaria ovata* Oliv., PHILIPPI, Conch. Cab., 2e édit., p. 49, pl. 14, fig. 5.

1851. *Ampullaria Kordofana*, Parreyss *in* PHILIPPI, Conch. Cab., 2e édit., p. 44, Taf. XII, fig 1.

1856. *Ampullaria ovata* Oliv., REEVE, Conch. Icon., pl. XIV, fig. 64.

1857. *Ampullaria ovata* Oliv., VON MARTENS, Malak. Bl. IV, p. 187.

1863. *Ampullaria ovata* Oliv., BOURGUIGNAT, Moll. Nouv., Litig. etc., 3e décade, p. 79, pl. X, fig. 11.

1863. *Ampullaria Kordofana*, BOURGUIGNAT, Moll. Nouv., Litig., etc., 3e décade, p. 76, pl. XI, fig. 12, 13.

1866. *Ampullaria ovata* Oliv., VON MARTENS, Malak. Bl. XIII, pp. 1, 18.

1868. *Ampullaria ovata* Oliv., MORELET, Voy. Welwitsch, pp. 39, 40, 46, 94.

1874. *Ampullaria ovata* Oliv., JICKELI, Land und Süssw. Moll. N. O. Afric , p. 230.

1879. *Ampullaria ovata* Oliv., BOURGUIGNAT, Descr. Moll. Egypte, Abyssinie, etc., p. 32.

1880. *Ampullaria ovata* Oliv., E. A. SMITH, Proc. Zool. Soc. of Lond., p 348.

1881. *Ampullaria ovata* Oliv., CROSSE, Journ. de Conch., XXIX, pp. 110, 280.

1885. *Ampullaria ovata* Oliv., BILLOTTE, Bull. Soc. Malac. Fr., II, p. 110.

1886. *Ampullaria ovata* Oliv., PELSENEER, Bull. Mus. Hist. Nat. Belg., IV, p. 104.

1888. *Ampullaria ovata* Oliv., BOURGUIGNAT, Icon. Malac. Lac Tanganyika, pl. VI, fig. 1.

1889. *Ampullaria ovata* Oliv., BOURGUIGNAT, Moll. Afr. équat., p. 168.

1890 *Ampullaria ovata* Oliv., BOURGUIGNAT, Ann. des Sc. Nat., (7) X, p. 74, pl. VI, fig. 1.

1890. *Ampullaria ovata* Oliv., BOURGUIGNAT, Hist. Malac. Lac Tangan., p 74, pl. VI, fig. 1,

1893. *Ampullaria ovata* Oliv., E. A. SMITH, Proc. Zool. Soc. of Lond., p. 635

1894. *Ampullaria ovata* Oliv., STURANY, Durch Masailand zur Nilquelle, p. 164.

4

1897. *Ampullaria ovata* Oliv., VON MARTENS, Beschalte Weicht. D. O. Afr., p. 159.

1897. *Ampullaria ovata* Oliv., VON MARTENS, Ostafr Moll., p. 6.

1904. *Ampullaria ovata* Oliv., E. A. SMITH, Proc. Malac. Soc. of Lond., VI, part. II, p. 100.

1905. *Ampullaria ovata* Oliv., GERMAIN, Bull. Mus. Hist. Nat., p. 256.

1906. *Ampullaria ovata* Oliv., E. A. SMITH, Proc. Zool. Soc. of Lond., p. 184.

1907. *Ampullaria ovata* Oliv., GERMAIN, Moll. Afr. Centr. Franç., p. 527.

1908. *Ampullaria ovata* Oliv., GERMAIN, Moll. du Lac Tanganyika, p. 15, 61, 62, fig. 23 (var. *major*).

1908. *Ampullaria ovata* Oliv., DAUTZENBERG, Journ. de Conch. LVI, p. 20.

1910. *Ampullaria ovata* Oliv., PALLARY, Catal. Faune Malac. Egypte, p. 60. pl. IV, fig. 12.

1910. *Ampullaria ovata* Oliv., GERMAIN, Bull. Mus. Hist. Nat , p. 208.

1911. *Ampullaria ovata* Oliv., GERMAIN, Bull. du Mus. p. 239.

1911. *Ampullaria ovata* Oliv., GERMAIN, Notice malacologique. Docum. scientif. Mission Tilho; II, p. 232

1912. *Ampullaria ovata* Oliv., GERMAIN, Bull. du Mus. d'Hist. Nat., p. 323.

Habitat : Stn. 60, lac Kisale (Kikondja), Katanga, 27-II-1911, 1 exemplaire jeune; stn. 100 (ex parte), Ukaturaka, 2° lat. N., 1 exemplaire jeune; stn. 179, Nyangwe, Lualaba, XI-1910, 1 exemplaire jeune.

Ampullaria Leopoldvillensis PUTZEYS.

1899. *Ampullaria Leopoldvillensis*, PUTZEYS, Bull. Soc. roy. Malac. Belg., p. XC, fig. 1.

1907. *Ampullaria Leopoldvillensis* Putz., GERMAIN, Bull. Mus., p. 427.

1907. *Ampullaria Leopoldvillensis* Putz., GERMAIN, Moll. Afrique centr. française, p. 531.

1910. *Ampullaria Leopoldvillensis* Putz., SOWERBY, Proc. Malac. Soc. London, IX, p. 59.

Habitat : Stn. 100, Ukaturaka, 2° lat. N., 10-X-1910, 1 exemplaire de grande taille.

Cette espèce n'était connue jusqu'à présent que du Stanley Pool, dans les environs de Léopoldville et de Brazzaville.

Genre **Lanistes** Denys de Montfort.

Lanistes ovum Peters var. **elatior** von Martens.

1866. *Lanistes ovum* Peters var. *elatior*, von Martens, Malak. Bl.,
    p. 99.
1866. *Lanistes ovum* Peters var. *elatior*, von Martens, Novitates, II,
    p. 291, pl. LXX, fig. 7, 8.
1870. *Lanistes ovum*, von Martens (ex parte), Malak. Bl., p. 35.
1874. *Lanistes ovum* Peters var. *elatior* v. M., Jickeli, Moll. N. O. Afr.,
    p. 230.
1879. *Meladomus elatior* v. M., Bourguignat, Moll. Égypte, Abyssinie,
    Zanzibar, p. 35.
1889. *Meladomus. elatior* v. M., Bourguignat, Moll. Afr. équat.,
    p. 173.
1906. *Lanistes ovum* Peters var. *elatior* v. M., Germain, Mém. Soc Zool.
    France, p. 234.
1907. *Lanistes ovum* Peters var. *elatior* v. M., Germain, Moll. Afr. centr.
    française, p. 533.
1912. *Lanistes ovum* Peters var. *elatior* v. M., Connolly, Ann. South
    Afr. Mus., XI, p. 259.

Habitat : Stn. 1, lac Kisale, Katanga, 6 exemplaires jeunes;
stn. 106, lac Kisale, Kikondja, Katanga, 2 exemplaires adultes et
1 jeune; stn. 166, Stanleyville 19-X-1910, 1 exemplaire jeune;
stn. 167, Bukama, marais Kaziba Ziba, 1 exemplaire bien adulte;
stn. 253, lac Kabamba, Katanga, 2 exemplaires adultes de grande
taille.

Lanistes Bourguignoni Putzeys.

1898. *Lanistes Bourguignoni*, Putzeys, Bull. Soc. roy. Malac. Belg ,
    p. XXIII, fig. 3, 4, 5.

Habitat : Stn. 51, Basoko, Congo supérieur, 16-X-1910, 7 exemplaires; stn. 182, Kibombo, Lualaba, 4° lat. S., 6-XI-1910, 2 exemplaires; stn. 252, Lualaba, Katanga, 4 exemplaires; stn. 255, petite
Lubemba, Katanga, 12 exemplaires jeunes; stn. 256, petite rivière
salée, entre Kikondja et Ankoro, Katanga, 6 exemplaires.

Genre **Vivipara** DE LAMARCK.

Vivipara unicolor OLIVIER.

1804. *Cyclostoma unicolor*, OLIVIER, Voy. Empire ottoman III, p. 68;
  Atlas II, pl. XXXI, fig. 9^a, 9^b.

1822. *Paludina unicolor* Ol., LAMARCK, Anim. sans vert. VI, 2ᵉ partie,
  p. 174.

1822. *Cyclostoma unicolor* Ol., BOWDICH, Elem. of Conch., pl. 8, fig. 15.

1827. *Paludina unicolor* Ol., AUDOUIN *in* SAVIGNY, Descr. Coq. Egypte,
  p. 137; pl 2, fig. 30^1, 30^2.

1832. *Paludina unicolor* Ol., DESHAYES, Encycl. Méthod. III, p. 698.

1838. *Paludina unicolor* Ol., LAMARCK, Anim. sans vert. édit. Deshayes
  VIII, p. 513.

1845. *Paludina unicolor* Ol., PHILIPPI, Abbild. p. 117, pl. I, (fig. sans nᵒˢ).

1852. *Paludina unicolor* Ol , KÜSTER, Conch. Cab. 2ᵉ édit. p. 21, pl. 4,
  fig. 12, 13.

1852. *Paludina biangulata*, KÜSTER, Conch. Cab. 2ᵉ édit. p. 25, pl. 5,
  fig. 11, 12.

1855. *Paludina unicolor* Ol., ROTH, Malakoz. Bl. II, p. 51.

1856. *Paludina unicolor* Ol., BOURGUIGNAT, Aménités Mal. *in* Revue et
  Mag. de Zool., p. 343.

1862. *Vivipara polita*, FRAUENFELD, Verh. Zool. botan. Ges. Wien,
  p. 1163.

1863. *Paludina polita* Fr., REEVE, Conch. Icon., pl. XIV, fig. 73.

1864. *Paludina unicolor* Ol., FRAUENFELD, Verh. Zool. bot. Ges. Wien,
  p. 657.

1864. *Paludina unicolor* Ol , DOHRN, Proc. Zool. Soc. Lond., p. 117.

1865. *Paludina (Vivipara) unicolor* Ol., VON MARTENS, Malak. Bl. XII,
  p. 202.

1866. *Paludina (Vivipara) unicolor* Ol., VON MARTENS, Malak. Bl. XIII,
  p. 97.

1866. *Vivipara unicolor* Ol., H. ADAMS, Proc. Zool. Soc. Lond., p. 375.

1867. *Paludina (Vivipara) unicolor* Ol., VON MARTENS, Malak. Bl., XIV,
  p. 20.

1874. *Vivipara unicolor* Ol., JICKELI, Land- und Süssw.-Moll. N. O. Afr.,
  p. 235, pl. VIII, fig. 30^1-30^d.

1878. *Paludina unicolor* Ol., VON MARTENS, Monatsber. Akad. Wiss.
  Berl., p. 297.

1880. *Vivipara unicolor* Ol., BOURGUIGNAT, Recens. Vivip. Syt. Europ.,
  p. 35.

1881. *Vivipara Duponti*, DE ROCHEBRUNE, Bull. Soc. Philom. Paris, p. 3.

1883. *Vivipara unicolor* Ol., BOURGUIGNAT, Hist. Malac. Abyssinie, p. 130.
1886. *Paludina unicolor* Ol., WESTERLUND, Fauna der Paläarct. region Binnenc. part VI, p. 8.
1888. *Paludina unicolor* Ol , E. A. SMITH, Proc. Zool. Soc. London, p. 53.
1889. *Vivipara unicolor* Ol., G. PFEFFER, Jahrb. Hamb. Wiss. Anst., VI, p. 26.
1890. *Vivipara unicolor* Ol., BOURGUIGNAT, Hist. Malac. lac Tanganyika, p. 39 et Ann. Sc. Nat., X, p. 39.
1894. *Paludina unicolor* Ol., STURANY *in* BAUMANN, Durch Masaïland zur Nilquelle, p. 15, pl. XXIV, fig 7, 12, 13, 17, 22, 23, 25.
1897. *Vivipara unicolor* Ol., VON MARTENS, Ost-Afr. Moll., p. 6.
1897. *Vivipara unicolor* Ol., VON MARTENS, Besch. Weicht. D. O. Afr., p. 175.
1905. *Vivipara unicolor* Ol., GERMAIN, Bull. du Mus., XI, pp. 327, 488.
1906. *Vivipara unicolor* Ol., GERMAIN, Bull. du Mus., pp. 52, 58.
1906. *Vivipara unicolor* Ol., GERMAIN, Mém. Soc Zool. France, p. 227.
1907. *Vivipara unicolor* Ol., GERMAIN, Moll. terr. et fluv. Afrique centr. franç., p. 513.
1908. *Vivipara unicolor* Ol., GERMAIN, Moll. du lac Tanganyika, p. 55.
1908. *Vivipara unicolor* Ol., E. A. SMITH, Proc. Malac. Soc. London, VIII, p. 9.
1909. *Vivipara unicolor* Ol., DAUTZENBERG, Journ. de Conch., LVI, p. 18.
1910. *Vivipara unicolor* Ol., PALLARY, Catal. Faune malac. Égypte, p. 62, pl. IV, fig. 15.
1910. *Vivipara unicolor* Ol., GERMAIN, Bull. du Muséum, p. 207.
1912. *Vivipara unicolor* Ol., GERMAIN, Bull. du Muséum, p. 222.

Habitat : Stn. 75, Kibombo, Lualaba, 4° lat. S., XII-1910, 1 exemplaire vivant; stn. 84, Luvua, entre Kiambi et Ankoro, Katanga, XI-1911, 2 exemplaires jeunes; stn. 156, Kibombo, Lualaba, 4° lat. S., 2 exemplaires vivants; stn. 180, Kindu, Lualaba, 30-X-1910, 2 exemplaires morts.

Les spécimens rapportés par M. BEQUAERT sont bien semblables aux figurations originales d'OLIVIER.

Vivipara Crawshayi SMITH.

1893. *Viviparus Crawshayi*, SMITH, P. Z. S. L., p. 637, pl. LIX, fig. 8, Lac Mweru.

Habitat : Stn. 250, Kilwa, lac Moëro, 5 exemplaires vivants et 4 jeunes.

Vivipara mweruensis SMITH.

1893. *Viviparus mweruensis*, SMITH, P. Z. S. L., p. 636, pl. LIX, fig. 5, 6,
Lac Mweru.

Var. **pagodiformis** SMITH.

1893. *Viviparus mweruensis* Sm., var. *pagodiformis*, SMITH, P. Z. S. L.,
p. 636, pl. LIX, fig. 7, Lac Mweru.

Habitat : Stn. 67, lac Moëro, Katanga, 5 exemplaires morts et
2 fragments (très commun mort, mais pas trouvé vivant).

Genre **Cleopatra** TROSCHEL.

Cleopatra bulimoides OLIVIER.

1804. *Cyclostoma bulimoides*, OLIVIER, Voyage dans l'Empire ottoman,
II, p. 39, III, p. 68; pl. XXXI, fig. 6.

1817. SAVIGNY, Atlas, pl. 2, fig. 28^1, 28^2.

1822. *Cyclostoma bulimoides*, BOWDICH, Elem. of Conch.. I, p. 34, pl. 8,
fig. 13; pl. 12, fig. 18.

1823. *Paludina bulimoides*, FÉRUSSAC. Notice sur les Éthéries *in* C. R.
Acad. Sc., p. 363.

1823. *Paludina bulimoides*, CAILLIAUD, Voyage à Méroë, Atlas, pl. LX,
fig. 6.

1827. *Paludina bulimoides*, CAILLIAUD, Voyage à Méroë, texte IV, p. 264.

1827. *Paludina bulimoides*, AUDOUIN, Explication des planches de Savigny, p. 167.

1838. *Paludina bulimoides* Oliv., DESHAYES *in* LAMARCK, Anim. s.
vert, 2e édit., VIII, p. 517.

1839. *Paludina bulimoides* Oliv., ROTH, Dissert. Inauguralis, p. 25.

1846. *Paludina bulimoides* Oliv., PHILIPPI, Abbildungen, p. 138, pl. II,
fig. 13.

1852. *Paludina bulimoides* Oliv., KÜSTER, Conch. Cab., 2e édit., p. 32,
pl. 7, fig. 11-17.

1855. *Cyclostoma Gaillardoti*, BOURGUIGNAT, Aménités Malac. *in* Revue
et Mag. de Zool., VII, p. 333, pl. 8, fig. 5-7.

1856. *Paludina (Cleopatra) bulimoides* Oliv., TROSCHEL., Das Gebiss der
Schnecken, I, p. 100, pl. 7, fig. 6 (radule).

1858. *Bithynia bulimoides* Oliv., H. et A. ADAMS, Genera of recent
Moll. I, p. 342.

1859. *Paludina bulimoides* Oliv., KOBELT, Illustr. Conchylienb., p. 130, pl. 47, fig. 18.

1860. *Melania aegyptiaca* (Bens.), REEVE, Conch. Icon., pl. XXXIV, fig. 227.

1862. *Paludina bulimoides* Oliv., FRAUENFELD, Verh. Zool. Bot. Ges. Wien, p. 1148.

1864. *Paludina bulimoides* Oliv., DOHRN, Proc. Zool. Soc. of Lond., p. 117.

1864. *Paludina Bulimoides* Oliv., FRAUENFELD, Verh. Zool. Bot. Ges. Wien, p. 583.

1864. *Paludina trifasciata* (Parr.), FRAUENFELD, Verh. Zool. Bot. Ges. Wien, p. 583.

1864. *Paludina aegyptiaca* Bens., FRAUENFELD, Verh Zool. Bot. Ges. Wien, p. 583.

1865. *Paludina bulimoides* Oliv., DOHRN, Proc. Zool. Soc. of Lond., p. 233.

1865. *Paludina (Cleopatra) bulimoides* Oliv., VON MARTENS, Malakoz. Bl., p. 203.

1868. *Paludina bulimoides* Oliv., MORELET, Voyage Welwitsch, pp. 39, 40, 41, 44, 96.

1869. *Paludina (Cleopatra) bulimoides* Oliv., VON MARTENS, Nachrichtsbl. d. d. Mal. Ges., p. 154.

1869. *Paludina (Cleopatra) bulimoides* Oliv., VON MARTENS, Von der Deckens Reise, p. 153.

1871. *Bithynia bulimoides* Oliv., KOBELT, Verz. Binnenconch., p. 61.

1871. *Melania aegyptiaca* Bens. KOBELT, Verz. Binnenconch., p. 65.

1873. *Paludina (Cleopatra) bulimoides* Oliv., VON MARTENS, Malakoz. Bl. XXI, p. 43.

1874. *Cleopatra bulimoides* Oliv., JICKELI Moll. N. O. Afr., p. 240, pl. VII, fig. 31^a, 31^b (opercule).

1878. *Cleopatra bulimoides* Oliv., KOBELT, Illustr. Conchylienb., p. 130, pl. 47, fig. 18.

1879. *Cleopatra bulimoides* Oliv., BOURGUIGNAT, Descr. Moll. Egypte, Abyssinie, etc., p. 22.

1883. *Cleopatra bulimoides* Oliv., BOURGUIGNAT, Hist. Malac. Abyssinie, p. 130.

1883. *Cleopatra bulimoides* Oliv, TRYON, Struct. and Syst. Conch., II, p. 275, pl. 74, fig. 13.

1885. *Paludina (Cleopatra) bulimoides* Oliv., P. FISCHER, Manuel de Conch., p. 734.

1886. *Cleopatra bulimoides* Oliv., WESTERLUND, Fauna Palearct. Binnenconch., VI, p. 11.

1889. *Cleopatra bulimoides* Oliv., G. PFEFFER, Jahrb. Hamb. Wiss. Anst., VI, p. 26.

1890. *Cleopatra bulimoides* Oliv., BOURGUIGNAT, Ann. Sc. Nat., 7ᵉ série, X, p. 44.

1897. *Cleopatra bulimoides* Oliv., VON MARTENS, Besch. Weicht. D. O. Afr., p. 184.

1897. *Cleopatra bulimoides* Oliv., VON MARTENS, Ostafr. Moll., p. 6.

1906. *Cleopatra bulimoides* Oliv., ANTHONY et NEUVILLE, Aperçu Faune malac. Lacs Rodolphe, Stéphanie et Marguerite, p. 2.

1906. *Cleopatra bulimoides* Oliv., NEUVILLE et ANTHONY, Liste prélim. Moll. Lacs Rodolphe, Stéphanie et Marguerite, p. 407.

1906. *Cleopatra bulimoides* Oliv., NEUVILLE et ANTHONY, Contrib. Faune malac. Lacs Rodolphe. Stéphanie et Marguerite *in* Bull. Soc. Philomat. Paris, 9ᵉ série, VIII, p. 5.

1907. *Cleopatra bulimoides* Oliv., GERMAIN, Moll. Afrique centr. franç., p. 519.

1907. *Cleopatra bulimoides* Oliv., KOBELT *in* ROSSMÄSSLER, Icon. Land- und Süssw — Moll. Neue Folg., XIII, p. 20, pl. 341, fig. 2114-2121.

1908. *Cleopatra bulimoides* Oliv., GERMAIN, Moll. Lac Tanganyika, p. 15.

1908. *Cleopatra bulimoides* Oliv., SMITH, Proc. Malac. Soc. Lond., VIII, p. 9.

1909. *Cleopatra bulimoides* Oliv., KOBELT, Conch. Cab., 2ᵉ édit., p. 384, pl. 75, fig. 17-22.

1909. *Cleopatra bulimoides* Oliv., PALLARY, Catalog. Faune malacol. Egypte, p. 63, pl. III, fig. 16.

1910. *Cleopatra bulimoides* Oliv., GERMAIN, Bull. du Mus d'Hist. Nat., p. 207.

1911. *Cleopatra bulimoides* Oliv., GERMAIN, Notice malacolog.; Docum. scient. Mission Tilho; II, p. 197, pl. II, fig. 5-6 et fig. 22-23-24.

Habitat : Stn. 78, Lùvua riv., entre Kiambi et Ankoro, Katanga, XI-1911, 9 exemplaires.

Var. nsendweensis DUPUIS et PUTZEYS.

1901. *Cleopatra bulimoides* Ol. var. *nsendweensis*, DUPUIS et PUTZEYS, Bull. Soc. roy. Mal. Belg., p. LV.

Habitat : Stn. 17, Kindu, Lualaba, 3° lat. S., 30-X-1910, 3 exemplaires; stn. 157, Luapula riv., Kalilo, 10° lat. S., 25-I-1912, 2 exemplaires.

Fᵃ major.

Habitat : Stn. 72, Kibombo, 4° lat. S., XII-1910, 6 exemplaires dont le plus grand atteint 16 millimètres de hauteur, bien que le sommet de la spire soit légèrement tronqué.

Cleopatra Johnstoni SMITH.

> 1893. *Cleopatra Johnstoni*, SMITH, Proc. Zool. Soc. of Lond., p. 637, pl. LIX, fig. 9 (Lac Mweru).
> 1901 *Cleopatra Johnstoni* Sm., DAUTZENBERG, Mém. Soc. Roy. Malac. Belg., XXXVI, p. 6, pl. l, fig. 9, 10, 11, 12. Lac Moëro (Lieut. Lemaire).

Habitat : Stn. 85, Lukonzolwa, lac Moëro, 30-XII-1911, 2 exemplaires; stn. 88, Luapula (Kalilo), 10° lat. S., 25-I-1912, 4 exemplaires; stn. 183 (ex p.), lac Moëro, Kilwa, 3 exemplaires morts, très érodés; stn. 251, lac Moëro, Kilwa, 28 exemplaires vivants.

Var. **minor**.

Habitat : Stn. 38, riv. Luvua, entre Ankoro et Kiambi, XI-1912, 12 exemplaires vivants; stn. 79, riv. Luvua, entre Ankoro et Kiambi, XI-1912, 7 exemplaires vivants.

Cleopatra mweruensis SMITH.

> 1893. *Cleopatra mweruensis*, SMITH, Proc. Zool. Soc. of Lond., p. 637, pl. LIX, fig. 10, Lac Mweru.
> 1907. *Cleopatra mweruensis* Sm., GERMAIN, Moll. Afr. centr. franç., p. 520.

Habitat : Stn. 183 (ex parte), Kilwa, lac Moëro, 2 exemplaires vivants.

Cleopatra Pirothi JICKELI.

> 1881. *Cleopatra Pirothi*, JICKELI, Jahrb. d. d. Malakoz. Ges. VIII, p. 338.
> 1888. *Cleopatra Emini*, E. A. SMITH, Proc. Zool. Soc. of Lond., p. 54, fig. 2.
> 1897. *Cleopatra pirothi* Jick., VON MARTENS, Beschalte Weicht. D. O. Afr., p. 85.

Var. **elata** nov. var.

Forme plus allongée que le type et pourvue de carènes moins saillantes.

Habitat : Stn. 9*z*, Bulongo (Bukama), 9° lat. S., 20-VI-1911, 2 exemplaires.

Cleopatra Schoutedeni nov. sp. — Pl. IV, fig. 15, 16 (×5).

Testa solidula, imperforata, ovato-conoidea. Spira mediocris, apice saepe eroso. Anfr. 4 '·₂ convexiusculi, sutura lineari juncti, plicis distantibus obtusis perparum prominentibus, versus basin anfr. ultimi evanescentibus ac striis incrementi confertissimis longitudinaliter sculpti. Striae transversae strias incrementi secant ita ut subnodulosae videntur. Anfr. ultimi infera pars funiculis circiter novem adornata est. Apertura ovata, superne subangulata ; columella leviter arcuata ; labrum simplex et arcuatum. Operculum normale.

Color lutescens, lineis transversis fuscis plus minusve interruptis depictus. Altit. 9, diam. maj. 6 millim. ; apertura 5 '₁₂ millim. alta, 4 millim. lata.

Coquille assez solide, imperforée, ovoïde-conique. Spire médiocre, souvent érodée au sommet, composée de 4 ¹/₂ tours légèrement convexes, séparés par une suture linéaire. Ces tours sont pourvus de plis longitudinaux espacés (on en compte une dizaine sur le dernier tour), obtus, très peu saillants, s'effaçant sur la base du dernier tour, et de stries d'accroissement extrêmement fines qui les font paraître un peu plus onduleuses. On observe, en outre, sur la moitié inférieure du dernier tour environ 9 cordons décurrents. Ouverture ovalaire, un peu anguleuse dans le haut, occupant plus de la moitié de la hauteur de la coquille. Columelle légèrement arquée ; labre simple, arqué. Opercule normal.

Coloration jaunâtre clair, ornée de linéoles décurrentes brunes plus ou moins interrompues ; celles de la base du dernier tour accompagnent les funicules.

Cette petite espèce est remarquable par ses plis longitudinaux obtus, qui ressemblent à des boursouflures du test, ainsi que par sa forme ovalaire et son ouverture grande.

Nous prions M. Schouteden, le savant directeur de la Revue Zoologique africaine d'en accepter la dédicace.

Habitat : Stn. 16, Kindu, Lualaba, 3° lat. S., 30-X-1910, 2 exemplaires vivants ; stn. 50, Nyangwe, Lualaba, 15-XI-1910, 4 exemplaires morts ; stn. 77, Kibombo, Lualaba, 4° lat. S., XII-

1910, 5 exemplaires jeunes; stn. 119, Luvua riv., entre Kiambi et Ankoro, 5 exemplaires jeunes, recueillis par M. le Dr GÉRARD; stn. 158, Luvua riv., entre Ankoro et Kikondja, XI-1911, 2 exemplaires vivants.

Cleopatra hirta nov. sp. — Pl. IV, fig. 11, 12, 13, 14 (×3).

Testa solidula, imperforata. Spira mediocris, apice valde eroso. Anfr. superst. circiter 3, convexi, sutura profunde impressa juncti ac carinis transversis spinosis 2 vel 3 in anfr. penultimo, 4 vero in ultimo, ornati. Apertura rotundata superne vix angulata. Columella arcuata, labrum polygonatum. Operculum ignotum.

Color flavidus carinis plerumque linea fusca angustaque ornatis.

Altit. 14, diam. maj. 9 millim.; apertura 7 millim. alta, 6 millim. lata. (Dimensions du plus grand échantillon qui est incomplet.)

Coquille assez solide, imperforée. Spire médiocre, fortement érodée au sommet. Tours subsistants au nombre de 3 environ, convexes, séparés par une suture très profonde et ornés de carènes armées d'épines fortes, très saillantes. On compte 4 de ces carènes sur le dernier tour, 2 ou 3 sur l'avant-dernier, et une seule sur l'antépénultième. Les épines sont alignées en séries longitudinales, un peu obliques, et ces séries sont au nombre de 7 ou 8 sur le dernier tour. Ouverture arrondie, à peine anguleuse au sommet; columelle arquée; labre simple, polygoné.

Opercule inconnu.

Coloration jaunâtre, souvent ornée, au sommet de chacune des carènes, d'une ligne brune étroite.

Cette espèce est remarquable par sa sculpture épineuse très saillante.

Habitat : Stn. 49, Nyangwe, Lualaba, 15-XI-1910, 4 exemplaires morts.

Cleopatra Bequaerti nov. sp. — Pl. IV, fig. 1, 2, 3, 4, 5, 6 (×4).

Testa solidula, imperforata, pyramidalis. Spira conica, sat elata, apice truncato. Anfr. superst. 3, parum convexi, sutura lineari juncti ac carina basali tuberculosa muniti. Carina altera, quoque tuberculosa, interdum in medio anfractuum surgit. Basis anfr. ultimi plerumque funiculis concen-

tricis 3, vel 4 sculpta. Apertura parva, subrotunda, superne subangulata. Margo columellaris arcuata, labrum subpolygonatum. Operculum ignotum. Color plus minusve saturate lutescens, carinis ac funiculis lineis fuscis notatis.

Altit. 8 mill., diam. maj. 6 millim.; apertura 4 millim. alta, 3 $^1/_2$ millim. lata.

Coquille assez solide, imperforée, pyramidale. Spire conique assez haute, tronquée au sommet. Trois tours subsistants peu convexes, séparés par une suture peu accusée et pourvus à la base d'une carène suprasuturale armée de tubercules épineux espacées. Une seconde carène, également épineuse, apparaît parfois vers le milieu des tours, et la base du dernier tour porte habituellement, chez les individus adultes, trois ou quatre funicules concentriques. Toutefois, sur certains spécimens, ces funicules s'atrophient ou disparaissent même entièrement. Opercule inconnu.

Coloration jaunâtre, plus ou moins foncée; les carènes étant accompagnées d'une ligne brun-noirâtre, étroite.

Cette remarquable espèce, à laquelle nous sommes heureux d'attacher le nom de M. J. BEQUAERT, a une certaine analogie avec notre *Cleopatra hirta*, mais elle en diffère par sa taille plus faible, sa forme plus pyramidale, ses tours moins convexes, sa suture moins profonde, par la situation et le nombre de ses carènes, etc.

Habitat : Stn. 15, Kindu, Lualaba, 3° lat. S., 30-X-1910.

Genre **Paludomus** SWAINSON.

Paludomus (Zanguebaria) ferruginea LEA.

1850. *Melania ferruginea*, LEA, Proc. Zool Soc. of Lond., p. 182.
1851. *Melania zanguebarensis*, PETIT DE LA SAUSSAYE, Journ. de Conch., II, p. 263, pl. VII, fig. 1.
1851. *Melania amoena*, MORELET, Journ. de Conch., II, p. 192, pl. V, fig. 9.
1851. *Melania amoena*, MORELET, Revue et Mag. de Zool., p. 220.
1860. *Melania amoena*, MORELET, Séries Conch., II. p. 117.
1860. *Melania ferruginea* Lea, REEVE, Conch. Icon., pl. XXI, fig. 147.

1878, *Paludomus africana*, VON MARTENS, Monatsber. K. Akad. Wiss. Berl., p. 297, pl. 2, fig 11-13.

1879. *Cleopatra kynganica*, BOURGUIGNAT, Moll. Égypte, p. 21.

1879. *Cleopatra Cameroni*, BOURGUIGNAT, Moll. Égypte, p. 21.

1881. *Paludomus ferrugineus* Lea, E. A. SMITH, Proc. Zool. Soc. Lond., p. 294, pl. XXXIV, fig. 29.

1885. *Cleopatra ferruginea* Lea, BOURGUIGNAT, Esp. nouv. et genres nouv. des lacs Onkéréwé et Tanganyika, p. 7.

1890. *Cleopatra ferruginea* Lea, E. A. SMITH, Ann. and Mag. N. Hist., 6th ser. VI. p 149.

1894. *Cleopatra ferruginea* Lea, E. A. SMITH, Proc. Malac. Soc. Lond., 1, p. 167.

1897. *Cleopatra ferruginea* Lea, VON MARTENS, Beschalte Weicht. D. O, Afr., p. 188.

1897. *Cleopatra amoena* Mor., VON MARTENS, Beschalte Weicht. D. O. Afr., p. 187.

1899. *Cleopatra ferruginea* Lea, MELVILL et PONSONBY, Ann. and Mag. N. Hist., IV, p. 193.

1909. *Cleopatra ferruginea* Lea, KOBELT, Conch. Cab., 2e édit, p. 401, pl. 76, fig. 22.

1909. *Cleopatra amoena* Mor., KOBELT, Conch. Cab., 2e édit, p. 396, pl 76, fig. 15.

1911. *Cleopatra ferruginea* Lea, E. A. SMITH, Proc. Malac. Soc. Lond., IX, p. 240.

1912. *Cleopatra ferruginea* Lea, CONNOLLY, Ann. South Afr. Mus., XI, p. 261.

Fa. **minor** nov. fa.

Habitat : Stn. 36, Lovoi, Kikondja, Katanga, 18-X-1911, 13 exemplaires.

Genre **Bithinia** GRAY.

Bithinia (Gabbia) humerosa VON MARTENS.

1879. *Bithynia Stanlevi* Sm. var. *humerosa*, VON MARTENS, Sitzungsber. Ges. Naturf. Fr., p. 104.

1897. *Bithynia (Gabbia) humerosa*, VON MARTENS, Besch. Weicht. D. O. Afr., p. 190, pl. VI, fig. 31.

1912. *Bithynia (Gabbia) humerosa* v. M., GERMAIN, Bull. du Muséum, XXX, p. 2.

Habitat : Stn. 130, Lovoi riv., Kikondja, 18-X-1911, 2 exemplaires; stn. 141, lac Kitale, Kikondja, 27-XI-1911, 1 exemplaire et 1 jeune; stn. 187, Luvua riv., Katanga, XI-1911, 1 exemplaire.

FAMILLE DES MELANIIDAE.

Genre **Melania** DE LAMARCK.

Melania (Striatella) tuberculata MÜLLER.

1774. *Nerita tuberculata*, MÜLLER, Verm. terr. fluv. hist.; II, p. 191.

1779 *Strombus tuberculatus*. SCHRÖTER, Flussconchylien, p. 373.

1779. *Strombus costatus*, SCHRÖTER, Flussconchylien, p. 374; pl. VIII, fig. 4.

1804. *Melanoides fasciolata*, OLIVIER, Voyage dans l'Empire ottoman, II, p. 40, pl. XXXI, fig. 7.

1822. *Melanoides fasciolata*, LAMARCK, Anim. s. vert. VI, 2e p., p. 174.

1847. *Melania pyramis* V. D. BUSCH *in* PHILIPPI, Abbild., p. 172, pl. IV, fig. 16.

1852. *Vivipara fasciolata*, RAYMOND, Journ. de Conch., III, p. 326.

1853. *Melania tuberculata*, BOURGUIGNAT, Catal. Moll. de Saulcy, p. 65.

1861. *Melania Rothiana*, MOUSSON, Coq. terr. et fluv. Palestine, p. 61.

1864. *Melania tuberculata*, BOURGUIGNAT, Malac. Algérie, II, p. 251, pl. XV, fig. 1-11.

1865. *Melania tuberculata*, DOHRN, Proc. Zool. Soc. of Lond., p. 254.

1865. *Melania tuberculata*, TRISTRAM, Proc. Zool. Soc. of Lond., p. 541.

1865. *Melania tuberculata*, VON MARTENS, Malakoz. Bl. XI, p. 205.

1866. *Melania tuberculata*, ADAMS, Proc. Zool. Soc. of Lond., p. 376.

1874. *Melania tuberculata*, JICKELI, Land- und Süssw.-Moll. N. O. Afr., p. 251, pl. III, fig. 7; pl. VII, fig. 36.

1874. *Melania abyssinica*, RÜPPELL *in* JICKELI, ibid., p. 253.

1877. *Melania tuberculata*, E. A. SMITH, P. Z. S. L., p. 712.

1879. *Melania tuberculata*, VON MARTENS, Sitz. ber. d. Gesellsch. naturf. Freunde, p. 104.

1881. *Melania tuberculata*, E. A. SMITH, P. Z. S. L., p. 291.

1882. *Melania tuberculata*, BOURGUIGNAT, Moll. Mission Revoil au Pays des Çomalis, p. 90.

1883. *Melania Rothiana*, LOCARD, Malac. lacs Tibériade, Antioche et Homs, p. 32.

1883. *Melania tuberculata*, BOURGUIGNAT, Hist. mal. Abyssinie, pp. 102, 131.

1883. *Melania tuberculata*, BOURGUIGNAT, Moll. Nyanza-Onkéréwé, p. 4.

1884. *Melania tuberculata*, BOURGUIGNAT, Hist. Mélaniens Syst. Europ., p. 5.

1884. *Melania tuberculata*, BOURGUIGNAT, Aménités Malac., II, p. 5.

1887. *Melania tuberculata*, BOURGUIGNAT, Bull. Soc. Malac. France, IV, p. 267.

1888. *Melania tuberculata*, POLLONERA, Boll. Soc. Malac. Ital., XIII, part. II, p. 82.

1888. *Melania tuberculata*, E. A. SMITH, P. Z. S. L., p. 52.

1888. *Melania tuberculata*, BOURGUIGNAT, Icon. mal. Lac Tanganyika, p. 27, pl. XI, fig. 26, 27.

1889. *Melania tuberculata*, BOURGUIGNAT, Bull. Soc. Malac. France, VI, pp. 5, 51.

1889. *Melania tuberculata*, BOURGUIGNAT, Moll. Afr. équat., p. 182.

1890. *Melania tuberculata*, E. A. SMITH, Ann. a. Mag. N. Hist., 6e série, VI, p. 149.

1890. *Melania tuberculata*, BOURGUIGNAT, Hist. mal. Lac Tanganyika, p. 163, pl. XI. fig. 26, 27.

1891. *Melania tuberculata*, E. A. SMITH, P. Z. S. L., p. 310.

1892. *Melania tuberculata*, VON MARTENS, Sitzungsber. Ges. Naturf. Fr., p. 173.

1894. *Melania tuberculata*, ANCEY, Mém. S. Z. Fr., VII, p. 224.

1895. *Melania tuberculata*, E. A. SMITH, P. Mal. S. L., 1, p. 167.

1896. *Melania tuberculata*, STURANY in BAUMANN, Durch Masaïland zur Nilquelle, p. 10.

1898. *Melania tuberculata*, VON MARTENS, Besch. Weicht. O. Afr., p. 193.

1898. *Melania tuberculata*, POLLONERA, Boll. Mus. Zool. anat. comp. R. Univ. Torino, XIII, p. 12.

1904. *Melania tuberculata*, E. A. SMITH, P. Z. S. L., VI, p. 100.

1904. *Melania tuberculata*, DE ROCHEBRUNE et GERMAIN, Mém S. Z. Fr., XVII, p. 7.

1904-1910. *Melania tuberculata*, GERMAIN, Bull. Mus. Hist. Nat., X, p. 353; XI, pp. 257, 318; XII, pp 54, 59, 297; XIII, p 269; XV, pp. 275. 375, 470; XVIII, p. 375.

1906. *Melania tuberculata*, GERMAIN, Mém. S. Z. Fr., XIX, p. 235.

1905-1906. *Melania tuberculata*, NEUVILLE et ANTHONY, Bull. Mus. Hist. Nat., XI, p. 116; XII, p. 407.

1906. *Melania tuberculata*, NEUVILLE et ANTHONY, Bull. Soc. Philom. Paris, 9e série, VIII, p. 8.

1907. *Melania tuberculata*, GERMAIN, Moll. Afr. Centr. franç., p. 537.

1908. *Melania tuberculata*, NEUVILLE et ANTHONY, Ann. des Sc. Nat., VIII, p. 247.

1908. *Melania tuberculata*, GERMAIN, Moll. Lac Tanganyika, p. 42.

1908. *Melania tuberculata*, DAUTZENBERG, Journ. de Conch., LVI, p. 23, pl. II, fig. 4, 5.

1911. *Melania tuberculata*, GERMAIN, Documents Scient. Mission Tilho II, p. 203, pl. II, fig. 7 à 11.

Var. **anomala** nov. var. — Pl. III, fig. 3 à 8 et pl. IV, fig. 7 à 10 ($\times 2$).

On peut se rendre compte, par les dix exemplaires que nous représentons, de l'extrême variabilité du *M. tuberculata* dans la région du Haut Congo : la forme et la sculpture se modifient tellement que si l'on ne se trouvait en présence de séries ininterrompues, on serait tenté d'y voir plusieurs espèces distinctes.

Habitat : Stn. 43, Rivière Luvua, entre Ankoro et Kiambi, XI-1911; stn. 71, Kabanga, Lovoi, Kikondja (Katanga), 22-XI-1911; stn. 87, Lualaba riv., Bukama, 27-VI-1911.

Melania nsendweensis DUPUIS et PUTZEYS.

1900. *Melania nsendweensis*, DUPUIS et PUTZEYS, Bull. Soc. Roy. Malac. Belg., p. XVII, fig. 28, 29. Nyangwe, Nsendwe, Lokandu.

Habitat : Stn. 13, 14, Lualaba, Kindu, 3° lat. S., 30-X-1910, nombreux vivants; stn. 48, Lualaba, Nyangwe, 15-XI-1910, 4 exemplaires morts; stn. 76, Kibombo, Lualaba, 4° lat. S., XII-1910, 10 exemplaires vivants.

Melania nyangweensis DUPUIS et PUTZEYS.

1900. *Melania nyangweensis*, DUPUIS et PUTZEYS, Bull. Soc. Roy. Malac. Belg., p. XVI, fig. 25.

Habitat : Stn. 73, Kibombo, Lualaba, 4° lat. S., XII-1910, 6 exemplaires; stn. 193, Nyangwe, mort sur les rives du Lualaba, 3 exemplaires.

Var. **depravata** DUPUIS et PUTZEYS.

1900. *Melania depravata*, DUPUIS et PUTZEYS, Bull. Soc. Roy. Malac. Belg., p. XVI, fig. 26, 27.

Habitat : Stn. 73, Kibombo, Lualaba, 4" lat. S., XII-1910, 4 exemplaires.

Melania soror Dupuis et Putzeys.

1900. *Melania soror*, Dupuis et Putzeys, Bull. Soc. Roy. Malac. Belg., p. XVIII, fig. 30.

Habitat : Stn. 192, Nyangwe, mort sur les rives du Lualaba, 15-XI-1910, 4 exemplaires.

Melania Bavayi nov. sp. — Pl. I, fig. 3, 4 (×4).

Testa elongato-subulata, apice eroso. Anfr. superst. 6, convexiusculi, rapide crescentes, superne angustissime contabulati, sutura impressa juncti, plicis longitudinalibus obliquis, angustis, sat comfertis, irregularibus, sub suturam prominentioribus ac versus basin anfractuum evanescentibus sculpti. In basi anfr. penultimi et ultimi funiculi transversi 2-3 obsoletissimi interdum accedunt. Apertura ovata ; columella arcuata ; labrum simplex et arcuatum. Operculum normale.

Color, sub crusta ferruginea, sordide virescens. Columella albida.

Altit. 14,5 millim. ; diam. maj. 3 millim., apertura 4 millim. alta, 3 millim. lata.

Coquille allongée, subulée, érodée au sommet. Six tours subsistants médiocrement convexes, croissant rapidement, très étroitement aplatis au sommet, séparés par une suture bien accusée, ornés de plis longitudinaux obliques, étroits, assez rapprochés et irréguliers, plus développés au sommet des tours et s'effaçant graduellement vers leur base. On observe aussi parfois sur la base des deux derniers tours deux ou trois funicules décurrents aplatis, à peine saillants. Ouverture ovale ; columelle arquée ; labre simple, arqué. Opercule normal.

Coloration d'un brun verdâtre sale, recouvert en grande partie d'un enduit ferrugineux. Columelle blanchâtre.

Habitat : Stn. 74, Kibombo, Lualaba, 4° lat. S., XII-1910, 2 exemplaires.

Famille des CERITHIDAE.

Genre **Potamides** Defrance.

Potamides (Cerithidea) decollatus (Linné?) Bruguière.

1767? *Murex decollatus,* Linné, Syst. Nat. ed., XII, p. 1226.
1783? *Murex decollatus* Lin., Schröter, Einleitung, I, p. 542.
1790? *Murex decollatus* Lin., Gmelin, Syst. Nat. ed. XIII, p. 3563.
1792. *Cerithium decollatum* (Lin?), Bruguière, Encycl. Méth., I, p. 501.
1805. *Cerithium decollatum* (Lin.), Roissy, Hist. nat. Moll., VI, p. 116.
1817. *Murex decollatus* (Lin.), Dillwyn, Catal., II, p. 759.
1817? *Turbo pulcher,* Dillwyn, Catal., II, p. 855.
1822. *Cerithium decollatum* (Lin.), Lamarck, Anim. s. vert., VII, p 71.
1841. *Cerithium decollatum* Brug., Kiener, Icon. Coq. viv., p. 96, pl. 28, fig. 2.
1843. *Cerithium decollatum* Brug , Lamarck, Anim. s. vert. édit. Desh., IX, p. 294.
1855. *Cerithium decollatum* Brug., Sowerby, Thes., II, p. 886, pl. CLXXXVI, fig. 276.
1858. *Cerithidea decollata* Brug., H. et A. Adams, Genera rec. Moll., II, pp. 292, 293, pl. 31, fig. 2^n (operc.).
1863. *Cerithidea decollata* Brug., Troschel, Das Gebiss der Schnecken, I, p. 147, pl. 12, fig. 4 (radula).
1866. *Cerithidea decollata* Brug., Reeve, Conch. Icon., pl. II, fig. 14^a, 14^b.
1878. *Potamides (Cerithidea) decollatus* (Lin.), Kobelt, Illustr. Conchylieub., p. 116.
1880. *Potamides (Cerithidea) decollatus* (Lin.), von Martens, Moll. Maskar. u. Seych., p. 106.
1887. *Potamides (Cerithidea) decollatus* (Lin.), Tryon, Man. of Conch., IX, p. 161, pl. 32, fig. 54.
1887. *Potamides (Cerithidea) decollatus* (Lin.), P. Fischer, Manuel, p. 682, pl. VIII, fig. 24.
1897. *Potamides (Cerithidea) decollatus* Brug., von Martens, Besch. Weicht. D. O. Afr , p. 266 (Zanzibar).
1897. *Potamides (Cerithidea) decollatus* Brug., von Martens, Ost-Afr. Moll., p. 7.

Habitat : Stn. 52, Beira, Côte orientale d'Afrique, sur les Palétuviers, 6-VIII-1912, 10 exemplaires de différents âges.

PÉLÉCYPODES.

Famille des AETHERIDAE.

Genre **Aetheria** de Lamarck.

Aetheria elliptica Lamarck.

1807. *Etheria elliptica*, Lamarck, Ann. du Muséum, X, p. 401, pl. XXIX; pl. XXX, fig. 1.
1907. *Actheria elliptica* Lamk., Anthony, Étude monogr. des Aetheridae, p. 361.
1909. *Actheria elliptica* Lamk., Germain, Bull. Muséum, p. 276, pl. III, fig. 35 et pl. IV, fig. 37.

Habitat : Stn. 103, Grande Lubembe (Luquela), 12° lat. S., 1 exemplaire.

Var. **Cailliaudi** Férussac.

1823. *Aetheria Cailliaudi*, Férussac, Mém. Ethér. *in* Mém. Acad. Sc., I, p. 359.
1826. *Ethérie*, Cailliaud, Voyage à Méroë et au Nil Blanc, II, p. 222, IV, p. 261; Atlas, pl. LXI, fig. 1, 2, 3.

Habitat : Stn. 99, Kibombo, fl. Congo, 4° lat. S., 5-XI-1910, 1 exemplaire concordant bien avec la figure de Cailliaud.

Var. **Bourguignati** de Rochebrune.

1886. *Aetheria Bourguignati*, de Rochebrune, Bull. Soc. Malac. Fr., III, p. 14.
1907. *Aetheria (elliptica* var.) *Bourguignati* de R., Anthony, Étude monogr. du Aetheridae, pl. XI, fig. 1, 2.

Habitat : Stn. 101, Lualaba, Kalengwe, 9°30' lat. S., 1 exemplaire.

Famille des UNIONIDAE.

Genre Unio Philippsson.

Unio (Nodularia) aequatorius Morelet.

1885. *Unio aequatorius*, Morelet, Journ. de Conch. XXXIII, p. 31, pl. II, fig. 9.

1890. *Unio aequatorius*, Paetel, Conch. Sam., III, p. 144.

1891. *Unio landanensis*, Schepman, Notes Leyden Mus.; VIII, p. 113, pl. VIII, fig. 3*a*-3*b*.

1900. *Nodularia aequatoria*, Simpson, Proceed. Unit. St. nation. Museum; XXII, p. 823.

1907. *Unio (Nodularia) aequatoria*, Germain, Mollusques Afrique centr. franç.; p. 542.

Habitat : Stn. 248, Mulongo, Lualaba, entre Kikondja et Ankoro, 7 exemplaires.

Forme bien typique.

Unio Briarti Dautzenberg.

1901. *Unio Briarti*, Dautzenberg, Mém. Soc. Roy. Malac. de Belgique, XXXVI, p. 10, pl. I, fig. 3, 4.

1908. *Unio (Laevirostris) Briarti* Dautz., Germain, Bullet. Muséum p. 375.

1913. *Unio Briarti* Dautz., Germain, Bullet. Muséum, p. 291, pl. XI, fig. 67-68.

Habitat : Stn. 202, Kibombo, Lualaba, 4° lat. S., 5-XI-1910, 1 exemplaire adulte et 4 jeunes.

M. Dupuis nous a écrit en 1902 que son *Unio Eduardi* tombe en synonymie de notre *Briarti*, mais nous n'avons pu trouver la référence originale de cet *U. Eduardi*.

Famille des MUTELIDAE.

Genre Spatha Lea.

Spatha rubens Lamarck var. Wissmanni von Martens.

1883. *Spatha Wissmanni*, von Martens, Sitzungsber. Ges. naturf. Fr., p. 73, pl. XLVII.

1885. *Spatha Wissmanni*, VON MARTENS, Conch. Mitth., III, p. 9, pl. XXXXIV.
1900. *Spatha rubens*, SIMPSON (ex parte), Synops. Naiades, p. 896.
1907. *Spatha rubens* var. *Wismani*, GERMAIN, Bull. Muséum hist. nat., p. 351.
1907. *Spatha rubens* var. *Wismani*, GERMAIN, Mollusques Afrique centr. franç., p. 617.

Habitat : Stn. 164, Malema (entre Bumba et Basoko), 1° lat. N., 14-X-1910, 3 valves; stn. 247, Mulongo, Lualaba, entre Kikondja et Ankoro, 2 exemplaires.

Genre **Mutelina** BOURGUIGNAT.

Mutelina Carrei PUTZEYS.

1898. *Burtonia Carrei*, PUTZEYS, Bull. Soc. Roy. Malac. Belg., p. xxv, fig. 10.
1909. *Mutelina Carrei* Putz., GERMAIN, Recherches F. Malac. Afr. Equat., p. 58.
1911. *Mutelina Carrei* Putz., GERMAIN, Bull. Mus. hist. nat., p. 226.

Habitat : Stn. 69, Mulongo, Lualaba riv., entre Kikondja et Ankoro, 3 exemplaires; stn. 104, Kibombo, Lualaba, 4° lat. S., 5-XI-1910, 1 exemplaire.

Genre **Chelidonopsis** ANCEY.

Chelidonopsis hirundo VON MARTENS.

1881. *Spatha hirundo*, VON MARTENS, Sitzungsber. Ges. naturf. Freunde, p. 122.
1883. *Spatha (Mutela) hirundo*, VON MARTENS, Conch. Mitth., II, p. 139, pl. XXVII, fig. 1, 2, 3.
1886. *Chelidonura hirundo* v. M., DE ROCHEBRUNE, Bull. Soc. Malac. Fr. III, pp. 4, 5; pl. I, fig. 5, 6 (juv.).
1886. *Chelidonura hirundo* v. M, VON MARTENS, Sitzungsber. Ges. naturf. Fr., p. 161, pl. I, fig. 5, 6.
1886. *Chelidonura arietina*, DE ROCHEBRUNE, Bull. Soc. Malac. Fr. III, p. 5, pl. I, fig. 1-4.
1887. *Chelidonopsis hirundo* v. M., ANCEY, Chonchologist's Exchange, II, n° 2, p. 22.
1900. *Chelidonopsis hirundo* v. M., SIMPSON, Synopsis Naiades, p. 906.

1907. *Chelidonopsis arietina* de R., GERMAIN, Mollusq. Afr. centr. franç., p. 575.

1907. *Chelipdonopsis hirundo* v. M., GERMAIN, Mollusq. Afr. centr. franç., p. 575.

1908. *Chelidonopsis arietina* de R., GERMAIN, Bull. Mus., p. 162, fig. 32.

1909. *Chelidonopsis arietina* de R., GERMAIN, Recherches F. Malac. Afr. équat., pp. 5, 7, fig. 3; p. 6, fig. 2; p. 10, fig. 5; p. 12, fig. 8, 9; p. 13, fig. 10; p. 14, fig. 11, 12; p. 15, fig. 13; p. 18, fig. 15; p. 20, fig. 17; p. 22, fig. 18; p. 25, fig. 19; p. 30, fig. 22; p. 31, fig. 23; p. 32, fig. 24; pl. I, fig. 1-5; p. 58.

1909. *Chelidonopsis hirundo* v. M., GERMAIN, Recherches F. Malac. Afr. équat., pp. 5, 58.

1913. *Chelidonopsis hirundo*, GERMAIN, Bull. Muséum hist. natur., p. 294.

Habitat : Stn. 245, Kibawa, Lualaba, entre Kikondja riv. et Ankoro, 26-X-1911, 1 exemplaire adulte

Nous avons aujourd'hui la conviction que le *Ch. arietina* DE R. n'est autre chose que l'âge bien adulte du *Ch. hirundo* v. M.

FAMILLE DES CYRENIDAE.

Genre **Corbicula** MEGERLE VON MÜHLFELDT.

Corbicula radiata (PARREYSS) PHILIPPI.

1846. *Cyrena radiata*, PARREYS *mss. in* PHILIPPI, Abbild., p. 78, pl. I, fig. 8.

1848. *Cyrena Africana* var. *olivacea*, KRAUSS, Südafr. Moll. p. 8, pl. I, fig. 8.

1854. *Corbicula radiata* (Parr.), DESHAYES, Catal. Conch. Brit. Museum, p. 222.

1860. *Corbicula radiata* (Parr.), PRIME, Proc. Acad. Nat. Sc. Philad. p. 272.

1863. *Corbicula radiata* (Parr.), PRIME, Catal. Corbiculidae, p. 4.

1866. *Corbicula radiata* (Parr.), VON MARTENS, Malak. Bl., p. 15. (obs.).

1866. *Corbicula radiata* (Parr.), H. ADAMS, Proc. Zool. Soc. of Lond., p. 376.

1869. *Corbicula radiata* (Parr.), PRIME, Gen. Corbicula, p. 88.

1873. *Corbicula radiata* (Parr.), JICKELI, Malak. Bl. XX, p. 111.

1874. *Corbicula radiata* (Parr.), JICKELI, Moll. N. O. Afr., p. 287, pl. XI, fig. 10ᵃ-10ᶜ.

1876. *Cyrena radiata* (Parr.), REEVE, Conch. Icon., pl. XIII, fig. 47*c*.

1877. *Cyrena (Corbicula) radiata* (Parr.), E. A. SMITH, Proc. Zool. Soc. Lond., p. 718.

1879. *Corbicula radiata* (Parr.), VON MARTENS, Sitzungsb. Ber. Ges. naturf. Fr , p. 105

1879. *Corbicula radiata* (Parr.), CLESSIN, Conch. Cab. 2e édit. IX, p. 3, p. 162, pl. 28, fig. 16-18.

1881. *Cyrena (Corbicula) radiata* (Parr.), E. A. SMITH, Proc. Zool. Soc. of Lond., p. 295.

1881. *Corbicula radiata* (Parr.), CROSSE, Journ. de Conch., XXIX, p. 290.

1885. *Corbicula tanganikana*, BOURGUIGNAT, Moll. Giraud, p. 104.

1888. *Corbicula tanganikana*, BOURGUIGNAT, Icon. Malac. Lac Tanganyika, pl. XVIII, fig. 8, 9, 10.

1888. *Corbicula radiata* Parr., E. A. SMITH, Proc. Zool. Soc of Lond., p. 55.

1889. *Corbicula nyassana*, BOURGUIGNAT, Bull. Soc. Malac. France, VI, p. 37.

1890. *Corbicula radiata* Parr., E. A. SMITH, Ann. and Mag. of Nat. Hist., 6e sér., VI, p. 149.

1891. *Corbicula radiata* Parr., E. A. SMITH, Proc. Zool Soc. of Lond., p. 310.

1892. *Corbicula radiata* Parr., E. A. SMITH, Ann. and Mag. of Nat. Hist., 6e sér., X, p. 126.

1894. *Corbicula radiata* Parr., STURANY, Durch Masaïland zur Nilquelle, p. 11.

1894. *Corbicula pusilla*, STURANY, Durch Masaïland zur Nilquelle, p. 10.

1897. *Corbicula radiata* Parr., VON MARTENS, Beschalte Weicht. D. O. Afr., p. 259.

1904. *Corbicula radiata* Parr., E. A. SMITH, Proc. Malac. Soc. of Lond., VI, p. 100.

1905. *Corbicula radiata* Parr., GERMAIN, Bull. du Muséum, p. 260.

1906. *Corbicula radiata* Parr., GERMAIN, Bull. du Muséum, p. 307.

1908. *Corbicula radiata* Parr., E. A. SMITH, Proc. Malac. Soc. of Lond., VIII, p. 11.

1908. *Corbicula radiata* Parr., GERMAIN, Moll. Lac Tanganyika, pp. 16, 89.

1910. *Corbicula radiata* Parr., BÖTTGER, Abh. Senckenb. Naturf. Ges., XXXII, p. 454.

1912. *Corbicula radiata* Parr., GERMAIN, Bull. du Muséum, XXX, p. 296.

1912. *Corbicula radiata* Parr., CONNOLLY, Ann. South Afr. Mus., XI, p. 279.

Habitat : Stn. 195, Kindu, Lualaba, 30-X-1910, 3 valves et

2 exemplaires jeunes; stn. 213, Luapula, Kasenga, 2-I-1912, 1 exemplaire très jeune.

Famille des SPHAERIDAE.

Genre **Sphaerium** Scopoli.

Sphaerium Stuhlmanni von Martens.

1897. *Sphaerium Stuhlmanni*, von Martens, Beschalte Weicht. D. O. Afr., p 261, pl. VII, fig. 8.

1912. *Sphaerium naivashaense*, Preston, Revue zoolog. africaine, I, fasc III, p. 328, pl. XVII, fig. 1.

Habitat : Stn. 91, Kiabwa, Lualaba, 9° lat. S., 25-X-1911, valves; stn. 209, Bulongo, Katanga, 9° lat. S., 20-VI-1911, débris.

Var. **mutandaensis** Preston.

Habitat : Stn. 155, Nyangwe, Lualaba, XII-1910, 1 exemplaire et valves; stn. 189, Luvua riv., Katanga, XI-1911, 3 exemplaires.

Genre **Eupera** Bourguignat.

Eupera Bequaerti nov. sp. — Pl. II, fig. 7, 8 (×4).

Testa tenuissima, transversim ovato-subquadrata : latus posticum quam anticum vix aliquantulum magis dilatatum ; umbones parvuli, vix promimuli, paullo ante medium siti. Valvularum pagina externa striis incrementi aliquot concentricis, parum conspicuis, ornata ac tenuissime confertissimeque radiatim striata. Sub lente valido testa minutissime granulatim decussata se ostendit. Valvularum pagina interna laevigata ; impressiones musculares piriformes, sat conspicuae ; impressio pallealis integra. Cardo valvulae dextrae dentibus cardinalibus 2 divaricantibus, superne coalescentibus, dentibusque lateralibus utrinque 2, sat remotis, munitus. Cardo valvulae sinistrae dentes cardinales quoque 2 divaricantes sed non coalescentes et utrinque dentem lateralem unicum praebet. Ligamentum corneum, elongatum, immersum extusque haud conspicuum.

Color succineus, rubro ferrugineo hic illic irregulariter maculatus. Diam. umbono-ventralis 6, antero-post. 7,5 millim. ; crassit. 3 millim.

Coquille très mince, de forme transversale, ovale subquadrangulaire : région postérieure à peine un peu plus développée que l'antérieure. Sommets petits, à peine saillants, situés un peu en avant du milieu de la coquille. Surface ornée de quelques lignes d'accroissement concentriques, peu apparentes, et de stries rayonnantes extrêmement délicates et serrées. Sous un fort grossissement, le test présente un treillis granuleux très fin. Intérieur des valves lisse ; impressions des muscles adducteurs piriformes, assez visibles, impression palléale entière. Charnière de la valve droite composée de deux dents cardinales divergentes, soudées par leur sommet et, de chaque côté, de deux dents latérales assez écartées. Charnière de la valve gauche composée de deux dents cardinales divergentes, mais indépendantes l'une de l'autre, et, de chaque côté, d'une dent latérale unique. Ligament corné, long, immergé, non visible à l'extérieur.

Coloration ambrée, avec quelques taches irrégulières d'un rouge ferrugineux.

Habitat : Stn. 65, Luapula-Kasenga, vivant dans la texture de la coquille d'une grande Ethérie, 5-II-1912, 1 exemplaire.

Cette espèce se rapproche de l'*Eupera ferruginea* KRAUSS. (*Cyclas ferruginea* KRAUSS, Südafr. Moll., p. 7, pl. I, fig. 7.)

PLANCHE I

EXPLICATION DE LA PLANCHE I

Fig. 1, 2. - *Achatina Schoutedeni* nov. sp., grand. nat.

Fig. 3, 4. -- *Melania Bavayi* nov. sp , × 4. '

Fig. 5, 6, 7. — *Zingis Bequaerti* nov. sp.. × 5.

Fig. 8, 9, 10. — *Trochonanina (Martensia) Rodhaini* nov. sp. × 2.

Fig. 11, 12, 13. — *Gonyodiscus Smithi* nov. sp., × 20.

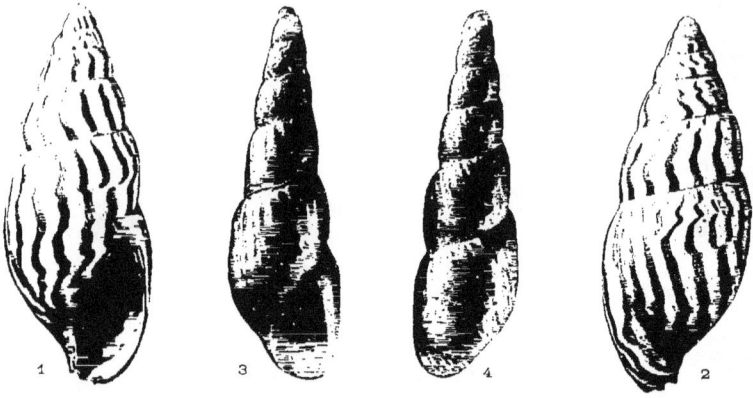

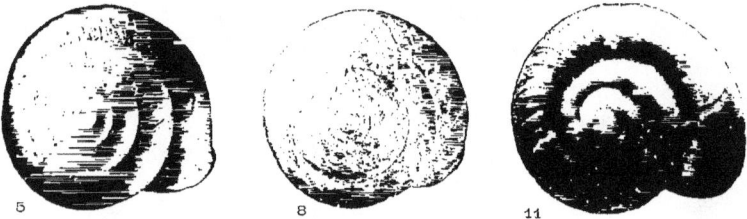

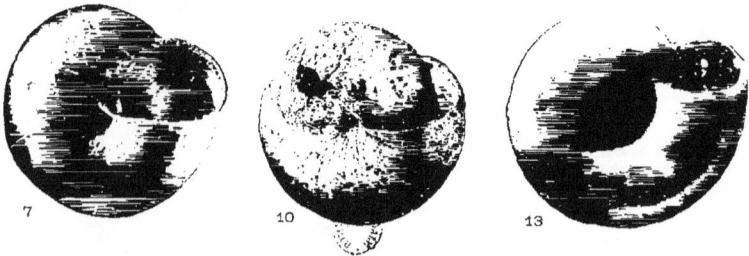

Phototypie G. Chivot

Ph. DAUTZENBERG et L. GERMAIN - MOLLUSQUES DU CONGO

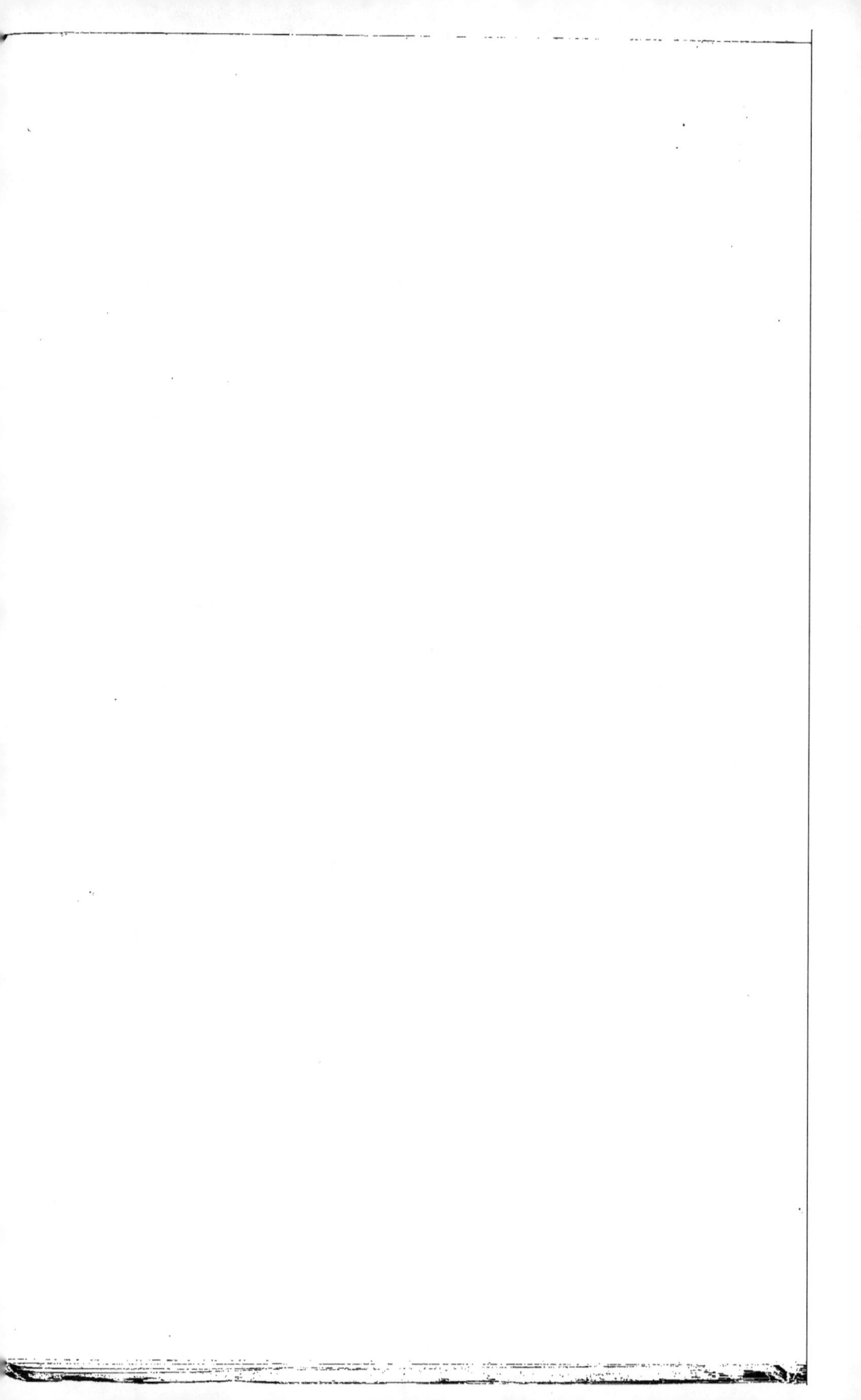

PLANCHE II

EXPLICATION DE LA PLANCHE II

Fig. 1, 2. — *Streptostele Alluaudi* nov. sp., × 6.

Fig. 3, 4. — *Prosopeas elegans* nov. sp., × 15.

Fig. 5, 6. — *Trochonanina bellula* VON MARTENS, × 6.

Fig. 7, 8. — *Eupera Bequaerti* nov. sp., × 4.

Fig. 9, 10, 11. — *Ennea Lamyi* nov. sp , × 15.

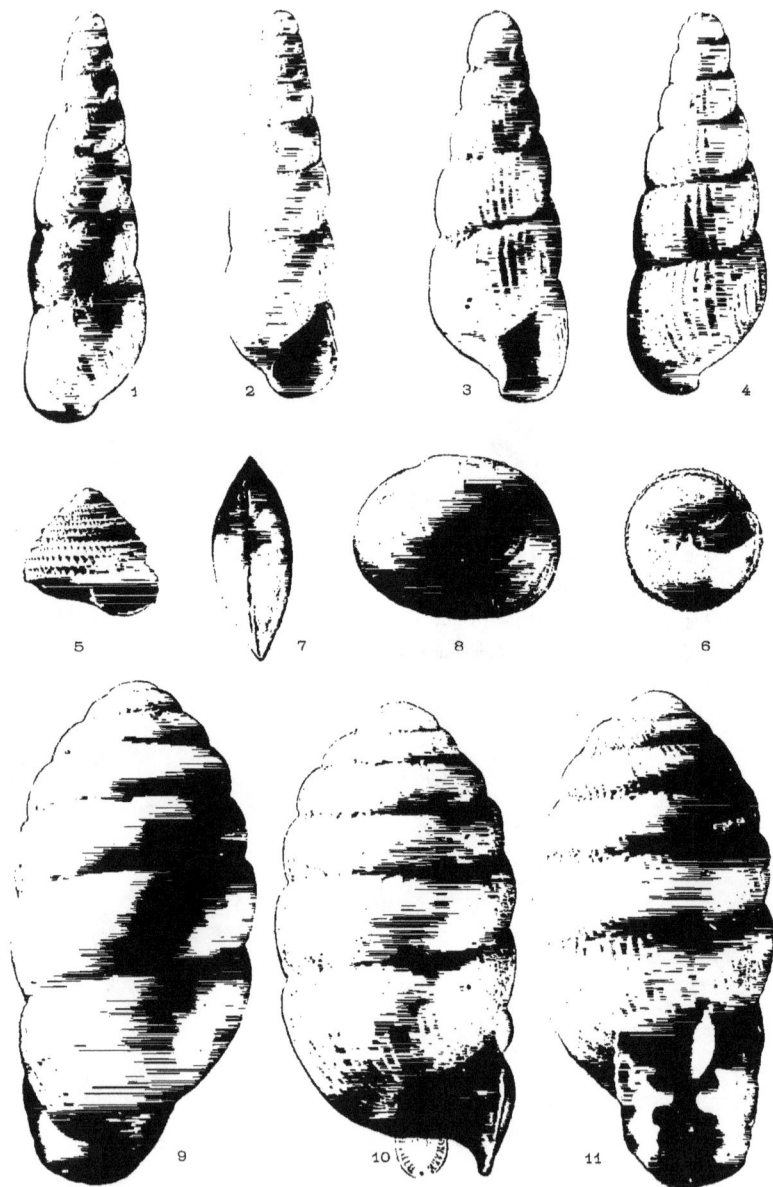

Phototypie G. Chivot

Ph. DAUTZENBERG et L. GERMAIN - MOLLUSQUES DU CONGO

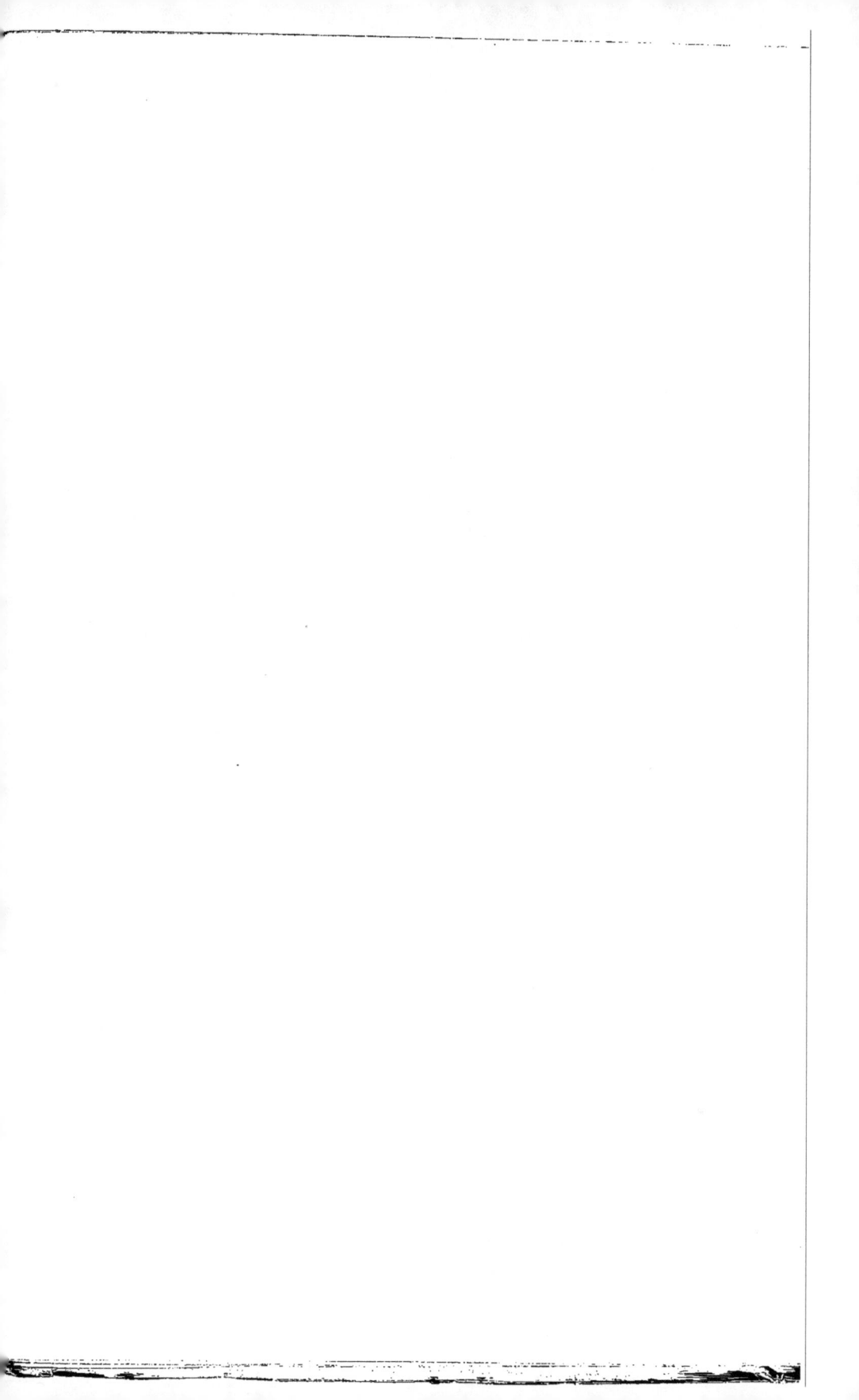

PLANCHE III

EXPLICATION DE LA PLANCHE III

Fig. 1, 2. — *Ennea Coarti* nov. sp , × 15.

Fig. 3, 4, 5, 6, 8. — *Melania tuberculata* MÜLLER, var. *anomala* nov. var., × 1¹/₂.

Fig. 7. — *Melania tuberculata* MÜLLER, var. *anomala* nov. var. × 2.

Fig. 9. 10. — *Ennea Jeanneli* nov sp., × 15.

Fig. 11, 12. — *Ennea Joubini* nov. sp., × 6.

Fig. 13. — *Ennea Haullevillei* nov. sp., × 8.

Fig. 14. — *Ennea Bequaerti* nov. sp , × 12.

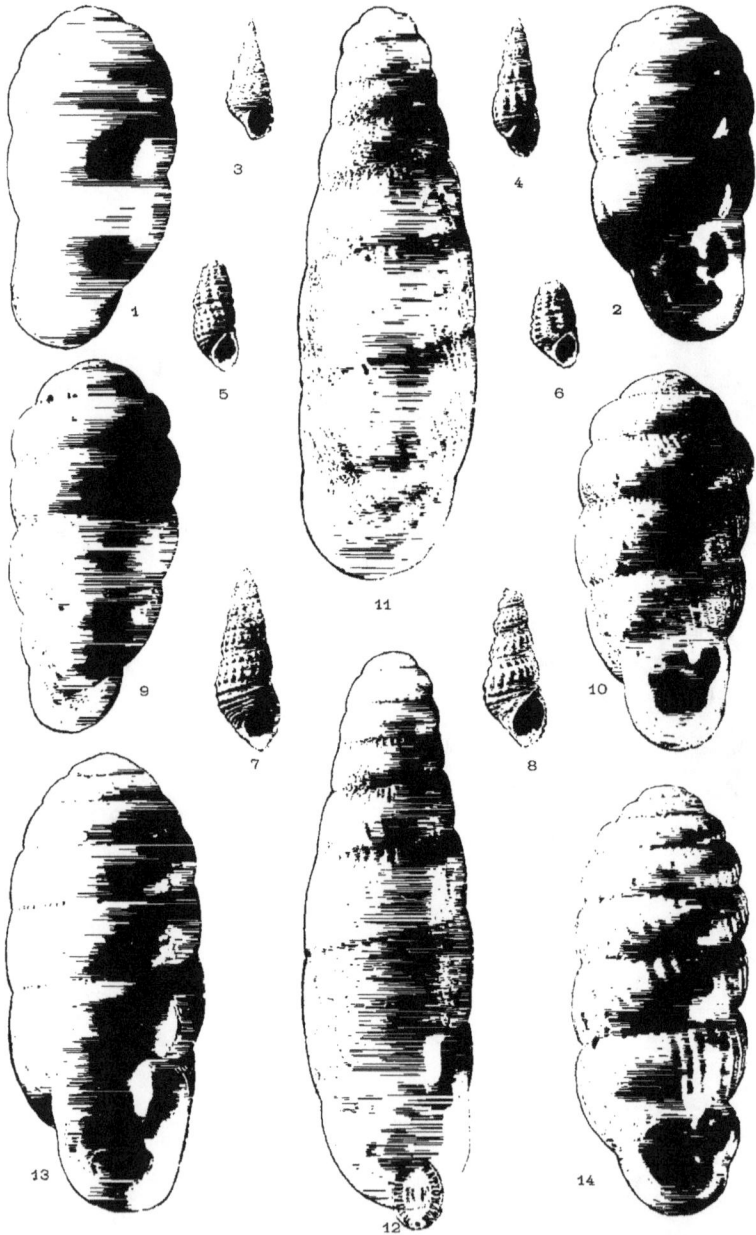

Phototypie G. Chivot

Ph. DAUTZENBERG et L. GERMAIN - MOLLUSQUES DU CONGO

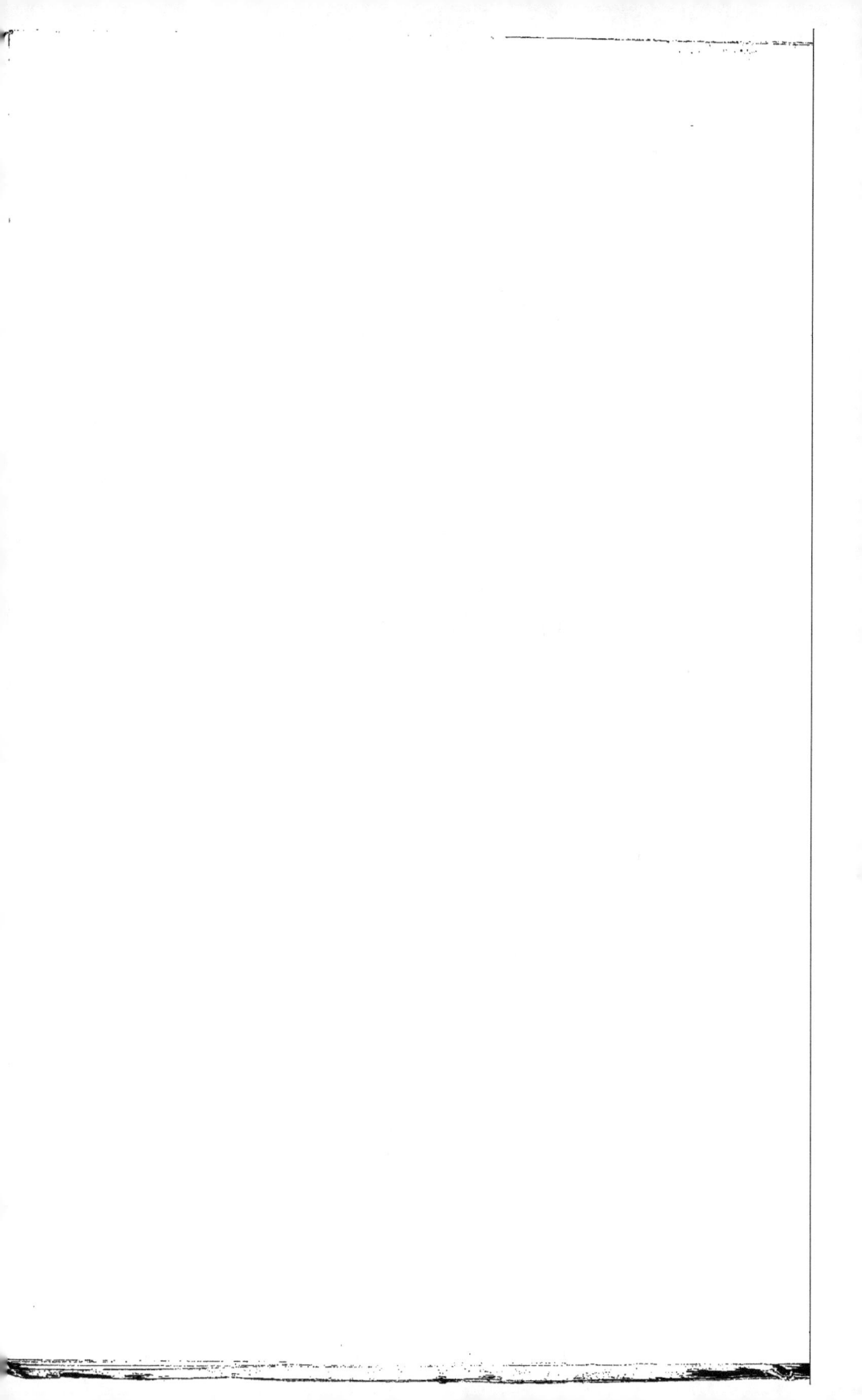

PLANCHE IV

EXPLICATION DE LA PLANCHE IV

Fig. 1 à 6 — *Cleopatra Bequaerti* nov. sp., × 4.

Fig. 7 à 10. — *Melania tuberculata* MÜLLER, var. *anomala* nov. var. × 2.

Fig. 11 à 14. — *Cleopatra hirta* nov. sp., × 3.

Fig. 15, 16. — *Cleopatra Schoutedeni* nov. sp., × 5

Fig. 17, 18. — *Pseudoglessula Lemairei* nov. sp., × 5.

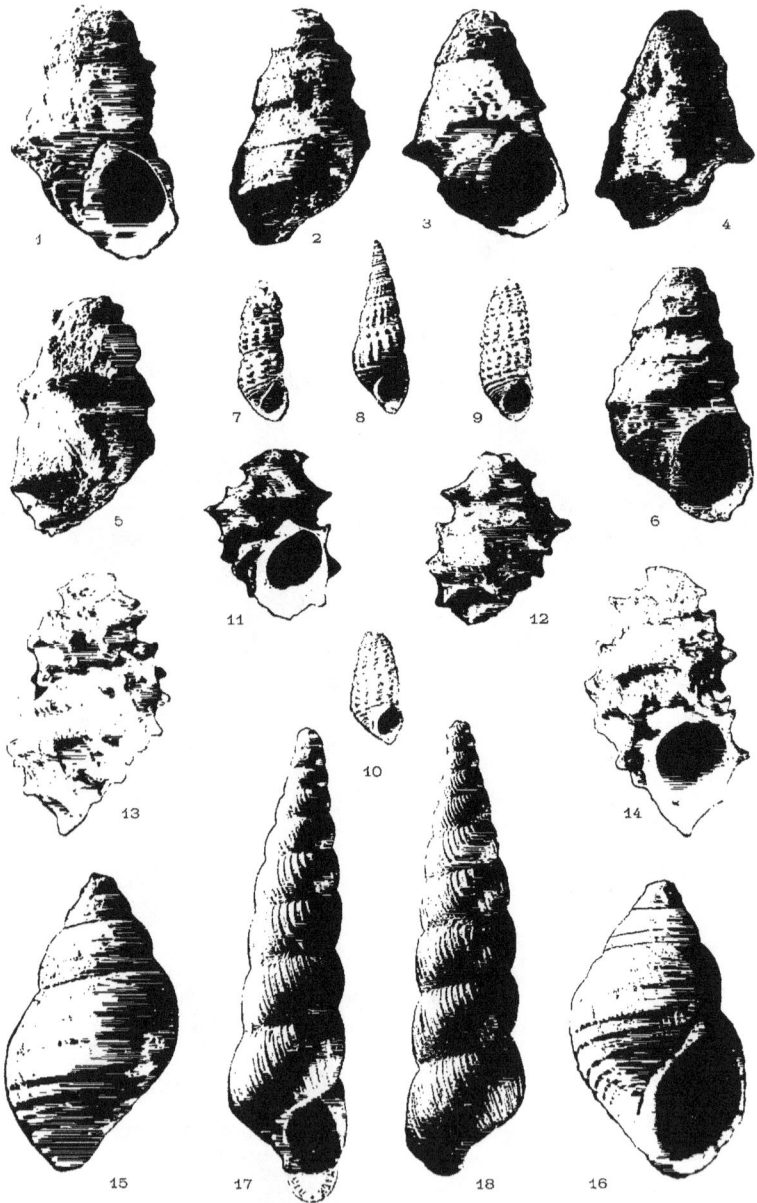

Phototypie G. Chivot

Ph. DAUTZENBERG et L. GERMAIN - MOLLUSQUES DU CONGO

La **Revue zoologique africaine** est consacrée à [...] ethiopienne, et plus spécialement de la [...] sous tous ses aspects. Les questions de systématique et [...] bution géographique des Animaux, Haut-Vertébrés [...] vront un développement particulier, et l'étude [...] d'eau y sera également abordée. En outre, la [...] zoologie économique, traitant des Animaux utiles [...] études plus générales sur les Animaux supérieurs [...] aux agents séjournant en Afrique. Sous une [...] compte tout au moins des principaux [...] qui auront été remis dans ce but à la [...] ment donné des notes au jour le jour [...] les renseigner notamment sur les [...] tifiques ou de chasse parcourant l'Afrique. [...]

La **Revue zoologique africaine** est polyg[...] prendra plusieurs fascicules et formera un volume [...] édité avec tous les soins désirables, abondam[...] de planches hors texte.

Le prix de souscription au volume est fix[...] payables anticipativement. Ce chiffre sera [...] après achèvement dudit volume. Les souscrip[...] ment la latitude de prendre un abonnement [...] des fascicules sera calculé d'après le nombre de [...] composant; soit fr. 1.25 (1 Mk., 1 sh.) par feuille [...] (0.80 Mk., 8 pence) par planche noire, et fr. [...] coloriée. Les souscripteurs choisissant ce mode de [...] acquitter le montant de chaque fascicule dès réception de [...]

Les auteurs de travaux insérés dans la *Revue* [...] 50 tirés à part de leurs travaux.

[...]tes communications relatives à la **Revue** [...] doiv[...] être adressées à

[...] le D[...] **SCHOUTEDEN, rue** [...]

www.ingramcontent.com/pod-product-compliance
Lightning Source LLC
Chambersburg PA
CBHW050607210326
41521CB00008B/1146